U0237074

新手养三

一本通

史宗义◎编著

海峡出版发行集团　福建科学技术出版社
THE STRAITS PUBLISHING & DISTRIBUTING GROUP　FUJIAN SCIENCE & TECHNOLOGY PUBLISHING HOUSE

图书在版编目 (CIP) 数据

新手养兰一本通 / 史宗义编著 . —福州：福建科学技术出版社，2018. 3（2019. 10 重印）

ISBN 978-7-5335-5541-2

Ⅰ . ①新… Ⅱ . ①史… Ⅲ . ①兰科－花卉－观赏园艺 Ⅳ . ① S682.31

中国版本图书馆 CIP 数据核字（2018）第 025019 号

书　　名	**新手养兰一本通**	
编　　著	史宗义	
出版发行	海峡出版发行集团	
	福建科学技术出版社	
社　　址	福州市东水路76号（邮编350001）	
网　　址	www.fjstp.com	
经　　销	福建新华发行（集团）有限责任公司	
印　　刷	福建地质印刷厂	
开　　本	700毫米×1000毫米　1/16	
印　　张	13.5	
图　　文	216码	
版　　次	2018年3月第1版	
印　　次	2019年10月第2次印刷	
书　　号	ISBN 978-7-5335-5541-2	
定　　价	39.50元	

书中如有印装质量问题，可直接向本社调换

前言

　　兰花是我国传统名贵花卉，深受人们的喜爱，爱好者甚多。许多爱好者，尤其是新手，因不了解兰花习性，养不好兰花。他们迫切需要内容简明实用的养兰"小百科"。基于此，福建科学技术出版社策划了《新手养兰一本通》一书，并约我承担撰写工作。

　　本书由鉴赏篇、名品篇、环境篇、上盆篇、水肥篇、养护篇、病虫篇等七部分构成，内容涵盖了养兰的各个环节，以兼顾不同养兰人的需要。本书是作者20余年艺兰经验和心血的结晶。在编著过程中，力求重点突出、言简意赅、科学严谨、图文并茂，具有较强的针对性、实用性和可操作性，以期达到"一册在手，养兰不愁"的目的。但囿于个人水平，书中定有不当之处，还望兰界同仁不吝指教。

　　在编写过程中，参考了沈渊如、沈荫春的《兰花》，吴应祥的《中国兰花》，陈心启、吉占和的《中国兰花全书》，刘清涌的《兰花品鉴宝典》，关文昌、朱和兴的《兰蕙宝鉴》，陈福如的《兰花病虫害诊治图谱》等。书中精美的兰花图片，除大部分由作者本人拍摄外，江苏陈海蛟、杨积秀、温晓春（品芳居）、桑德强、陈耀明、丁仲贤、曹崇禹、陆明祥、严雄飞、万云坤、胡钰(兰庭草院)、浙江吴立方、王德仁、吕德云、

潘步高、毛佩清、赵爱军、葛新星、林申燎、钟德善、叶建华、赵培诚，江西潘颂和、杨和平、张广云，北京春华、王松涛，湖北刘京秋，广东彭长荣，安徽龚仁红、程禹、吕斌，四川任国良、陈杰（淡淡），福建刘振龙、魏艺华、刘志云，山东张守伦、林怀汉、刘刚、孙昆勇，云南杨开等也提供了不少高质量兰照，为本书增光添彩。此外，张彦英为文稿的打印、编排、校对及图片筛选处理也付出了辛勤劳动。在此，谨向所参考图书的作者以及所有关心支持本书编写工作的兰家兰友表示衷心的感谢。

史宗义

本书作者史宗义

史宗义，含芳兰苑苑主，中国花卉协会兰花分会副秘书长。具有丰富的养兰经验，撰写了大量艺兰文章，其作品深受兰花爱好者喜爱。

目 录
CONTENTS

鉴赏篇

名品篇

环境篇

上盆篇

水肥篇

养护篇

病虫篇

鉴赏篇

（一）兰花植物学形态特征

兰科植物家族庞大，全世界有兰科植物近2万种，中国已经发现的有1200余种，其种下的变种和人们栽培及鉴赏的园艺品种更是不计其数，无法统计。中国兰花（简称国兰，习惯上称兰花）主要是指兰科兰属植物中地生的小花种类，一般指春兰、蕙兰、建兰、寒兰、墨兰、莲瓣兰、春剑等。同所有植物一样，兰花具有根、茎、叶、花、果实、种子等六大器官。

1.根

兰花的根一般较粗壮、肥大，肉质，间或从须根上生出分节支根，兰根无根毛。兰根内贮存丰富的水分和养分，其结构可分为内、中、外三部分。最外层为包围全根的根皮组织，主要起着吸收水分的作用。根皮之内为皮层组织，皮层细胞都是活细胞，有的含有针状结晶体，有的含有共生的根菌。当肉质根折裂时，其中有一直径约0.1厘米的黄白色纤维梗，称为中心梗，不易折断。在干燥时，健壮的根呈亚白色，处于生长期的幼根多为嫩白色。如裸露在盆面或盆外，因受湿气影响，根呈青绿色或暗灰色。

兰花肉质根

兰根有兰菌与它共生，兰株由此得到更多养分，所以采移兰花时最好带些宿土。

2.茎

兰花的茎短缩、膨大、多节，故称假鳞茎，其形态因种类不同而有差异。常见的有圆形、圆柱形、扁球形、卵圆形或椭圆形等。假鳞茎上有节，节上着生叶片或叶鞘。幼龄假鳞茎外围通常被叶片或叶鞘所包围；老龄时由于叶片脱落而使假鳞茎裸露。假鳞茎具有贮存养分和水分的功能，花芽、叶芽和根也都着生在假鳞茎上，因此兰花的假鳞茎是兰花生命的核心器官，保护好兰花的假鳞茎至关重要。

兰花假鳞茎

在大自然中，兰花种子在土里先形成一段根状茎，生长到接近地面时，茎端才长出假鳞茎，再从假鳞茎生根长叶，长成幼苗。这段根状茎人们称之为龙根，由龙根生出的幼苗称为龙根苗。

3.叶

兰花叶片都是含有叶绿素的绿色叶片，它的主要功能是吸收阳光，利用水和二氧化碳进行光合作用，制造有机物供自身生长和繁殖之用，并排出氧气。兰花的新叶只能从新的假鳞茎上长出，其叶一经受损，将残缺终身，因此保护好兰花叶片尤为重要。兰花的叶片可分为寻常叶和苞衣两种。从假球茎上簇生出的叶片为寻常叶；另一种包在花梗上、退化为膜质鳞片状的为变态叶，即苞衣。

寻常叶呈线形或带形，无明显叶柄，叶束都一次长成，边缘有细锯齿，平行脉，常绿，硬革质，叶面大多为暗绿色，叶背较淡，叶梢尖锐或圆钝。春兰叶片宽0.4~0.8厘米，长20多厘米；建兰、寒兰叶片较宽长；墨兰叶片更宽，在1.5厘米以上。叶片中央的中脉向叶背凸出或微凸，可支撑兰叶向上着生，虽受风吹飘摇仍不易折断。每5~8叶组成1束（束俗称筒或庄，兰花交易时每束以3枚叶为起算）。兰花叶片姿形各异，现将各种叶形分述如下。

（1）肥环叶：叶片肥厚、壮阔，且呈半环形，叶尖呈钝形，叶色深。此类叶在春兰和蕙兰的荷瓣草表现尤为明显，例如春兰大富贵、环球荷鼎等。

（2）垂软叶：叶片从基部斜生至中段，自中段起渐向下斜垂或转折，分为镰形和弓形。春兰和蕙兰叶片多为镰形，建兰、寒兰多数叶片呈弓形。

（3）直立叶：叶片大多向上直立或斜立生长，分直立形和斜立形。如春兰汪字、蕙兰金岙素等为典型的直立叶。

（4）扭卷叶：叶片较厚，且略呈扭卷状。春兰绿云常有这种叶形出现。

（5）短壮叶：叶片短而肥壮，直立或斜立形，一般高仅5~8厘米。春兰中常见这类叶，最典型的是翠盖荷，它的叶片特别短。

肥环叶(大富贵)

垂软叶（江南新极品）

直立叶（金岙素，胡钰摄影）

扭卷叶（新品）

短壮叶（翠盖荷）

4.花

　　兰花的花朵着生在花梗（花葶、花箭）上。花被分为内外两轮，外轮为萼片，共三枚；内轮为花瓣，也是三枚，其中一枚特化为唇瓣。雌蕊和雄蕊合生在一柱体上，称为蕊柱。

　　（1）萼片：兰花花朵的外轮三枚是萼片，其中上面一枚称为中萼片，又叫主瓣；下面两枚称为侧萼片，又叫副瓣。

　　（2）花瓣：花朵的内轮三瓣是花瓣，上面两瓣称为捧瓣或捧心；下面一瓣称唇瓣，又叫舌或舌头。唇瓣的上半部常分为三

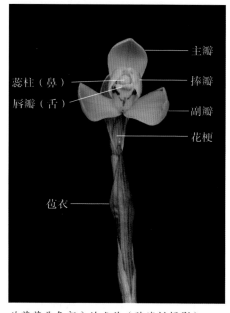
兰花花朵各部分的名称（陈海蛟摄影）

裂，但有的三裂不明显，如春兰；有的三裂明显，如虎头兰。在三裂的唇瓣中，中间的裂片称为中裂片，常常反卷下垂，上有许多斑点和条纹，其形状和颜色因品种不同而有差异；两旁的裂片称为侧裂片，通常直立在蕊柱的两侧，具丰富的色彩和斑纹。

　　（3）蕊柱：又称鼻、鼻头，是雌蕊的花柱和雄蕊的三花丝的合生

体。蕊柱的顶端为花药帽，花粉块被覆盖其内，在花药帽之下有一腔，称为蕊腔，是兰花授粉的地方。在杂交育种进行人工授粉时，就是将花粉填入蕊腔中。

（4）苞衣：兰花的花梗基部与花轴相连的地方都有一枚苞衣，贴抱每朵花的子房。苞衣的长短因种类不同而有差异，春兰的苞衣最长。地生兰的苞衣常较长，有的可达子房的1/2长，甚至超过子房长，如春兰。

5.果实

兰花的果实属于开裂的蒴果，由子房发育而成，俗称兰荪或兰斗。兰荪为子房下位的果实，花瓣和萼片均生长在子房之上。其果实一般为长椭圆形，外具三棱或六棱，也有的不明显，其形状因种类不同而有差异。果实内有三枚果瓣，相邻果瓣的边缘分化成一胎座，共有三枚侧膜胎座，大量的种子就着生在侧膜胎座上。果实

兰花果实

成熟后，自果的脊纵向开裂，大量的种子从中逸出而被散发。

6.种子

兰花的种子很小，但数量却很多，每一果实含种子数万至数十万，甚至百万之多。其种子不仅小而且轻，质量仅与蕨类植物的孢子差不多。种子略呈狭窄长圆形或纺锤形，前端较尖，基部细长，中部较大，中间有一细小圆形胚；其种皮为一层透明的薄壁细胞，另有加厚的环纹；种皮内含有大量的空气，成为微型气囊，不易被水分吸附，以利于随气流将种子传播到更远的地方。种皮内的胚多未成熟或发育不全，特别是盆栽的地生兰所获得的种子更是如此，所以在常规条件下种子很难萌发。

（二）兰花鉴赏基本术语

人们在长期的艺兰实践中，形成了一整套完整的兰花鉴赏理论，对兰花乃至各个组成部分，都有一定品评标准和规范，由此形成了大量约定俗成的专门术语。

（1）外三瓣：即植物学上所说的萼片，也称外瓣。外三瓣在兰花鉴赏中极为重要，它决定了兰花瓣形的气质与神韵。传统上主要根据春兰和蕙兰的外三瓣和捧瓣形态，将瓣形分为梅瓣、荷瓣、水仙瓣等。

兰家有话说 外三瓣的鉴赏标准

在兰花瓣形的鉴赏中，对外三瓣要求如下：

①对外三瓣的总体要求是短圆或宽阔，紧边内扣，收根放角，瓣端完整无缺，瓣厚、质糯，外三瓣拱抱，花盛开后外三瓣仍呈含抱之势。反卷、飘翘者较次。凡狭长似竹叶、鸡爪者均难入正品。

②主瓣以端正、挺直并且盖帽为佳，反卷扭曲、左右歪斜等为劣。

③两副瓣呈水平状或稍上翘为最美，并且要左右对称。

④花守要好。花开逾月形不变、色依旧为花守好，俗称"筋骨好"。一般花开7天方定形，花开半月方能评花守好坏。若花初开形、色俱佳，但过三五天后就面目全非，则花守极差，为劣品。

⑤花色要亮丽娇艳，色泽以嫩绿为第一，老绿次之，黄绿色又次之，赤绿色更次。凡属赤花，总以色糯者为上品；凡花色混浊，色暗而不明净者为次品或劣品。

外三瓣鉴赏标准（仁海梅，王德仁摄影）

（2）收根放角：荷瓣和水仙瓣的外三瓣瓣根与瓣端之形状特征，如春兰大富贵。其中，自瓣幅中央部位向瓣根逐渐收狭变细，称收根；自瓣幅中央部位向瓣尖逐渐放宽，及至瓣端部前沿约0.4厘米处又逐渐拢缩向内微卷，形成瓣端微兜形，这段前后交接处呈钝角，称放角。

（3）紧边：外三瓣瓣缘微呈内卷状。一般而言，离瓣根约0.3厘米处开始越向瓣前部，其内卷越明显，及至放角处再延伸至瓣尖部与对称的另一边合拢，形成兜状形，且瓣缘增厚。这种内卷，称为紧边，如春兰金鼎梅。在瓣形花中，梅瓣紧边最厚实，水仙瓣稍薄，荷瓣最薄。

收根放角（大富贵，品芳居摄影）

紧边（金鼎梅，陈海蛟摄影）

（4）平肩：又称一字肩，指两副瓣呈水平伸展，如春兰小打梅。平肩比较美观，为较理想的肩姿。

（5）落肩：两副瓣略向下方伸展，其下夹角小于180°，形似鸟降落前收翅之姿态，为不大理想的肩姿，如春兰永丰梅。

平肩（小打梅，桑德强摄影）

落肩（永丰梅，吴立方摄影）

（6）大落肩：也叫三脚马、八字架。兰花刚盛开，两副瓣就大幅度下垂，为难看的肩姿，如春兰绿英。

（7）飞肩：两副瓣向上伸展，其下夹角大于180°，形似鸟向上展翅飞翔之姿态，如春兰天绿。飞肩姿态优美，飞肩者被誉为花中之贵品。

大落肩（绿英，陈海蛟摄影）　　　飞肩（天绿，桑德强摄影）

（8）兜：指捧瓣尖端部瓣肉组织的形态。往往按照捧瓣尖端部瓣缘内卷形成空间的大小、深浅及瓣缘厚薄分为不同的类型。如按瓣缘的厚薄可分为软兜和硬兜；按内卷形成空间的深度可分为浅兜和深兜，前者如春兰天兴梅，后者如春兰万年梅。

浅兜（天兴梅，陈海蛟摄影）　　　深兜（万年梅，吴立方摄影）

（9）蚕蛾捧：指捧瓣如蚕蛾初出蛹时之形态。其特征为捧瓣先端钝圆，边缘卷缩成兜。两枚捧瓣在鼻之上，左右互相靠近，稍弯曲。蚕蛾捧又有硬和软之分。硬蚕蛾捧的表面上有些不平滑的小突起或苔，显示出硬性特征；软蚕蛾捧的表面很平滑，显示出柔性或糯性特征。前者如蕙兰端蕙梅，后者如春兰汪字。

硬蚕蛾捧（端蕙梅，春华摄影）　　　　软蚕蛾捧（汪字，桑德强摄影）

（10）观音捧：俗称观音兜或观音兜捧心，指捧瓣形似传说观音菩萨头上戴的帽沿，故名，如春兰龙字、贺神梅。其特征为捧瓣基部较狭窄，先端阔圆，缩卷成兜，两捧瓣相互靠近，甚至连接在一起，从正面看呈长圆形。观音捧有大小之分。大的称大观音捧，小的称小观音捧。

（11）豆壳捧：捧瓣尖端较圆钝，瓣肉厚，呈兜状，形似蚕豆壳一端形态，故名，如蕙兰关顶。

观音捧（贺神梅）　　　　　　　　豆壳捧（关顶，陈海蛟摄影）

（12）蚌壳捧：捧瓣内凹外隆，形似空蚌壳，故名，如春兰常熟素、蕙兰金㠓素。

（13）剪刀捧：捧瓣长而先端较尖，酷似剪刀，故名，如春兰文团素。

蚌壳捧（金岙素，史宗义栽培）　　　剪刀捧（文团素，陈耀明栽培）

（14）蟹钳捧：捧瓣背中部隆起，尖端部兜扁，形似蟹钳，故名。以蕙兰老染字、万年梅最为典型。

（15）猫耳捧：捧瓣前端部分向上翻，状似猫耳，故名，如蕙兰老蜂巧、朵云、绿谷翠猫。

蟹钳捧（老染字）　　　　　　　猫耳捧（绿谷翠猫，毛佩清选育）

（16）短圆捧：捧瓣短而圆，瓣背弧度较大，如春兰美芬荷。

（17）蒲扇捧：捧瓣短圆，瓣背弧度较小，形似蒲扇，如春兰西神梅。

短圆捧（美芬荷，陈海蛟摄影）　　蒲扇捧（西神梅，陈海蛟摄影）

（18）磬口捧：捧瓣不呈兜状，瓣尖微呈磬口状，故名，如春兰翠盖荷。

（19）全合捧：整个捧瓣黏合在一起，难以见到鼻，俗称三瓣一鼻头，如春兰翠桃。

磬口捧（翠盖荷，品芳居摄影）　　全合捧（翠桃，毛佩清栽培）

（20）挖耳捧：两枚捧瓣前端呈圆形，中后部略收细，形似挖耳勺，故名，如春兰逸品。

（21）五瓣分窠：指内三瓣着生的形态。其特征为两枚捧瓣各自分开，瓣基部着生在外三瓣基部会合处，如春兰盖圆荷。

挖耳捧（逸品，叶建华供照）

五瓣分窠（盖圆荷，赵培诚摄影）

分头合背（桂圆梅，陈耀明栽培）

（22）分头合背：指内三瓣着生的形态。其特征为两枚捧瓣尖端部位分离，而自瓣中部至瓣基部联合成一体，如春兰桂圆梅。

（23）连肩合背：指内三瓣着生的形态。其特征为捧瓣与鼻、舌联合成块状整体，或捧瓣尖端部位与鼻微有分离痕迹，如春兰蔡梅水仙、绿谷翠桃。

连肩合背（绿谷翠桃，毛佩清选育）

捧瓣从传统观赏角度看，以蚕蛾捧为上品，观音捧较次，其余均属下品。当然，还要结合各种瓣形加以区别对待。至于捧瓣着生姿态，以五瓣分窠最优美，分头合背次之，连肩合背最劣。

捧瓣以蚕蛾捧为最佳（宋梅，品芳居摄影）

（24）刘海舌：舌形圆正，微朝上，舌尖起微兜，形似神话传说中仙童刘海额前的齐眉短发，故名，如春兰宋梅、西神梅。但受花期、植料、湿度或肥料的影响，舌尖部有时会呈微垂状，如春兰宋梅。

（25）大圆舌：舌大且圆，微微下倾，如春兰汪字、皓月荷素。

刘海舌（宋梅，毛佩清栽培）

大圆舌（皓月荷素，吴立方摄影）

（26）如意舌：舌形似玉雕工艺品如意头状，平挂，不卷，如春兰万字、蕙兰荡字。

（27）大铺舌：舌比大圆舌稍大且长，呈下拖状，如春兰龙字、蕙兰鑫梅。

如意舌（荡字）

大铺舌(鑫梅，陶建鑫栽培)

（28）龙吞舌：舌硬而不舒，舌尖缘部呈内凹或微缺状，形态如传说中的龙之吞食状，故名，如蕙兰程梅、老极品。

（29）大卷舌：舌长而后卷。这种舌形大都出现在蕙兰中，如蕙兰金吞素就属于典型的大卷舌。

龙吞舌（老极品，春华摄影）

大卷舌（金吞素）

（30）大柿子舌：舌圆大，外露部分中央内陷，外观似柿子形，故名，如蕙兰大陈字。

（31）方缺舌：舌尖端中央部位呈内凹或微缺状，如蕙兰老蜂巧、郑孝荷。

（32）执圭舌：舌如古代大臣朝见皇帝手捧的执圭（即朝板）之形状，故名。其特征为舌呈长方

大柿子舌（大陈字，品芳居供照）

方缺舌（郑孝荷）

执圭舌（元字）

形，先端钝尖，舌向前下方伸展而不卷。执圭舌以蕙兰元字最为典型。

（33）穿腮舌：舌前端上翘靠贴捧瓣，使舌与捧瓣靠贴处形成一穿腮孔，故名。这类舌多数出现在连肩合背的硬捧梅瓣中，如蕙兰老上海梅、潘绿。

（34）秤钩舌：舌尖向外侧弯卷，形似秤钩，故名。以蕙兰老染字最为典型。

穿腮舌（老上海梅，陈海蛟摄影）

秤钩舌（老染字，桑德强摄影）

兰家有话说　舌鉴赏标准

　　舌以短圆、端正为佳，凡尖形、狭长或歪斜者都属劣品，舌与鼻粘连一起者亦属劣品。舌在捧瓣内不舒展的平舌，舒而不卷的拖舌，都是舌中次品。从总体上看，舌以大如意舌、刘海舌、大圆舌为上品。舌的颜色以淡绿、白色为好，如春兰中以白色为贵，蕙兰中以绿色为贵。不管是何种颜色，都以色泽纯洁为佳。

（35）苔：舌上附着的绒状物。

苔（金合蝶，王德仁摄影）

苔以匀细且色泽糯润为上品，粗而色暗者为劣。其色彩以绿色和白色为上品；全红苔色者，极为少见，为贵品；微黄苔色次之。

（36）红点：也称朱点，即舌上面点缀的红色斑点。

红点（海鸥，桑德强摄影）

红点（新品，潘颂和摄影）

兰家有话说　舌上红点的鉴赏

　　兰花的舌最吸引人们的眼球，而舌上红点具有画龙点睛的作用。其颜色以鲜艳、清晰、明亮为上；其布局以和谐、对称、规整为上。舌上红点少的，以红点大且居中为好。红点形状以品字形、U形、V形、红心形、元宝形为上。在色泽差不多的前提下，舌上红点大并呈规整块状的要比红点小而散布的品位高。

（37）中宫：又称中窠，特指捧瓣与鼻、舌的整体结构。

兰家有话说 中宫鉴赏标准

中宫是兰花鉴赏的重要部位，以中宫结圆，即捧瓣与舌构成一个近似圆形的图案为美。要求五瓣分窠，鼻小而平整，捧瓣与舌和谐紧凑。梅瓣、水仙瓣的中宫，以窝紧为好；荷瓣、蝴蝶瓣的中宫以宽大为佳。除此之外，中宫形态还必须与外三瓣相配得宜，这样方显和谐之美。

中宫结圆最美（美芬荷，陈海蛟摄影）

（38）开天窗：两捧瓣张开，鼻完全外露。

开天窗（金蝉，胡钰摄影）

兰家有话说 鼻鉴赏标准

从观赏角度看，鼻小而平整，捧瓣方能窝紧，花形才会俊俏有神；鼻粗大，捧瓣势必被撑开，必定开天窗，缺乏内敛力度，即使瓣形再好，也不能列为上品了。故鼻以小而平整为佳，以粗大（俗称大鼻头）为劣。

（39）凤眼：外三瓣含苞待放时，主瓣与副瓣瓣尖互相搭连，造成主瓣与副瓣一侧瓣缘相互隆起而中间露出空隙，下露舌根，中间看得见捧瓣侧面，这区域称为凤眼。

凤眼（严雄飞摄影）

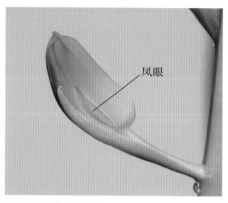

凤眼（陈海蛟摄影）

（40）上搭和下搭：指兰花未绽放时外三瓣交搭的形式，副瓣抱搭主瓣为上搭，主瓣抱搭副瓣为下搭。

（41）排铃：一葶多花的兰花，其幼蕾俗称为铃。当花梗抽长到一定高度时，上面着生的幼蕾呈竖直状紧贴花梗，这种形态称为小排铃；当幼蕾花柄外张横出，作水平排列时称为大排铃。

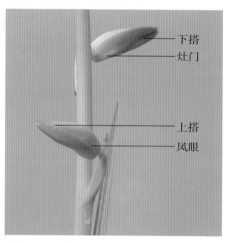

上搭和下搭（品芳居摄影）

小排铃（陆明祥摄影）

大排铃（严雄飞摄影）

（42）转茎：俗称转宕、转身，指一葶多花的兰花即将大排铃时，花梗上每个花蕾的花柄横出生长，花心朝外，这个过程称转茎。

转茎（陈海蛟摄影）

（43）抽箭：兰花的花梗从苞衣中抽出后逐渐拔高，这个过程俗称抽箭。

（44）瘟放：兰花花朵僵开而舒展不足，或花梗上各花朵排列间距过小，花开无力，都称瘟放。瘟放花朵属于最劣花姿。如花朵先从顶花开放，且软弱无力，下面各朵常僵开，或含苞不舒。这种情况在蕙兰中常出现。

兰家有话说　花梗鉴赏标准

　　兰花品种不同，花梗长短粗细有差异。总体上花梗以细长而高于叶面或平于叶面为佳，粗短而缩于叶丛中为劣。其色泽，春兰以青秆青花为上品，如宋梅、绿英等；蕙兰花梗以白绿如玉为美，如大一品秆高花大，为蕙兰中最具风姿的品种之一。花梗虽以细圆为上品，但这是相对而论，只要与花形相配，仍属上品。例如赤蕙程梅秆粗挺拔，有雄壮之美。墨兰花梗的颜色，据《广群芳谱》上说："紫梗青花为上，青梗青花次之，紫梗紫花又次之，余不入品。"

瘟放（陈海蛟摄影）

（45）鸡嘴：花苞刚出土时，苞尖相对合拢，紧靠在一起，或呈裂开状，其形态如同鸡嘴，故名。其形态特征常作为挑选瓣形花的重要依据。如苞尖有白色玉钩或肉质感，大多出梅瓣、水仙瓣类花。

（46）壳：即苞衣，也称苞壳、苞片。

鸡嘴

壳（陈海蛟摄影）

（47）簪：又名短底，特指蕙兰每朵花的短小花柄。

（48）箨：又称贴肉苞衣，指数层苞衣中最紧贴花朵的那一枚。

簪（老染字，桑德强摄影）

箨（陈海蛟摄影）

兰家有话说　兰花名品箨的特征

　　不同兰花名品箨的形态有所差异：春兰名品的箨要比其他类型兰花的箨宽阔、厚实且长。有的着生在主瓣背后，有的侧生在一旁，还有的远离花朵着生在花梗正面。蕙兰、建兰、寒兰、墨兰的箨总是着生在各短小花柄的末端，其基部半卷裹在花柄上，前半部分呈扩张开放状，箨幅比较细窄。凡瓣形名花的箨必定呈现浓厚异色，并且富有光泽，尤以春兰最为明显。如其色彩淡而质薄，往往花瓣瓣肉亦薄；如一边有异色，另一边没有，则捧瓣上往往一边有兜，另一边没有兜。

　　（49）蕾尖：花苞含苞待放时，小苞衣露出顶端之形态。

　　（50）筋：苞衣上通梢达顶的细长脉纹。

蕾尖（品芳居摄影）　　　　　　　　　　筋

（51）麻：苞衣上不通梢达顶的短脉纹。

（52）沙晕：花苞上面筋纹之间散布的细如尘埃的点状物称为沙；沙密集连片如浓烟重雾状称为晕；沙与晕融为一体，不可分离，称为沙晕。

麻（杨积秀摄影）

沙晕（杨积秀摄影）

兰家有话说　观筋识名品

　　兰花苞衣上的筋有长短、疏密、粗细、平凸之差异，其色泽也各不相同。其特征常作为挑选名品的重要依据。

素心花苞上的筋是绿筋，筋纹条条通梢达顶，晶莹透亮（杨积秀摄影）

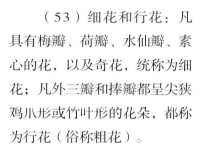

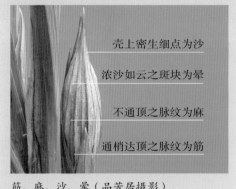

兰家有话说　名品花苞定有沙晕

凡具有瓣形的名花，其花苞上除筋纹细糯、通梢达顶外，还必定有沙晕。

壳上密生细点为沙

浓沙如云之斑块为晕

不通顶之脉纹为麻

通梢达顶之脉纹为筋

筋、麻、沙、晕（品芳居摄影）

（53）细花和行花：凡具有梅瓣、荷瓣、水仙瓣、素心的花，以及奇花，统称为细花；凡外三瓣和捧瓣都呈尖狭鸡爪形或竹叶形的花朵，都称为行花（俗称粗花）。

（54）兰膏：亦称命露，指蕙兰、建兰、墨兰花朵转茎至盛开期间，在花柄末端与花梗交会处着生的晶莹剔透的水滴状胶凝物。其味甘醇如蜂蜜，如随意抹除，易引起花朵早萎无神。

细花（万青荷，吴立方栽培）

兰膏（春华摄影）

（三）兰花主要瓣形鉴赏

（1）梅瓣：外三瓣短圆、质厚，形似梅花的花瓣。捧瓣起兜，有白头。舌舒展、坚挺而不后卷。梅瓣代表品种很多，如春兰宋梅、绿英。

梅瓣（绿英，文荷摄影）

（2）荷瓣：外三瓣肥厚、宽阔，形似荷花的花瓣，长宽比值小于3（以2左右为佳），收根放角明显。捧瓣不起兜，形似微开蚌壳。舌阔大。荷瓣代表品种不多，如春兰大富贵。

兰家有话说　梅瓣鉴赏标准

①以外三瓣短圆，形似梅花花瓣为佳，长宽比值越小越好。瓣头结圆，瓣形越规整越好。紧边收根，拱抱内敛。

②捧瓣起兜，以蚕蛾捧为佳。

③舌较短而不后卷，以如意舌为佳。

荷瓣（大富贵，陈海蛟供照）

兰家有话说　荷瓣鉴赏标准

①外三瓣长宽比值小于3。古人曰："八分长兮四分阔。"这是入选荷瓣的最基本条件之一。

②外三瓣收根放角明显。不具备收根放角特征的不能算荷瓣。

③捧瓣短圆，收根细，不起兜，以蚌壳捧和短圆捧为好，剪刀捧次之。

④舌阔大圆正，以圆舌下挂不卷为最佳，以大圆舌、大刘海舌为好。

荷瓣鉴赏标准（美芬荷，陈海蛟摄影）

（3）水仙瓣：外三瓣比梅瓣狭长，且瓣端稍尖，收根比较明显。捧瓣或多或少起兜。舌下垂或后卷。水仙瓣名品有春兰汪字等。

水仙瓣（汪字，品芳居摄影）

（4）巧种和官种：捧瓣端部明显呈白色或肉厚兜状者称为巧种；瓣端略显白色，略有浅兜者称为官种。前者如春兰贺神梅，后者如春兰三龙素。

兰家有话说　水仙瓣鉴赏标准

①外三瓣比梅瓣狭长，但必须收根圆头，否则不能算水仙瓣。

②捧瓣有兜，至少起浅兜，略有白边，也就是说对捧瓣的雄性化程度的要求不如梅瓣那么高。

③舌下垂，微卷曲。在梅瓣与水仙瓣的鉴别中，舌是否下垂反卷是重要的标尺之一。若舌下垂反卷，即使外三瓣达到梅瓣标准，也只能归入水仙瓣，或称之梅形水仙。

水仙瓣鉴赏标准（逸品）

巧种（贺神梅，陈海蛟摄影）

官种（三龙素，吴立方摄影）

（5）梅形水仙：水仙瓣之变种。外三瓣近似梅瓣或稍长，主瓣收根紧，比两枚副瓣更为显著。捧瓣或多或少起兜。舌下垂，微卷曲。梅形水仙品种有春兰西子、西神梅等。

（6）荷形水仙：水仙瓣之变种。外三瓣较阔，近似荷瓣。捧瓣有轻兜或微兜。舌阔大下挂。龙字为春兰荷形水仙之冠。

梅形水仙（西子，赵爱军摄影）

荷形水仙（龙字，品芳居摄影）

（7）素心：舌或整朵花色泽纯净单一，无杂色，如春兰俞氏素荷、莲瓣兰如意素荷。按舌色，素心可分为绿苔素、白苔素、黄苔素、桃腮素（舌根两侧微有红晕）、刺毛素（舌上隐约有红色）、红素（舌全红色）。素心苔色以绿色为贵。

素心（俞氏素荷，王德仁摄影）

素心（如意素荷，胡钰摄影）

（8）蝴蝶瓣：也称蝶花，即副瓣的下半幅发生唇瓣化或捧瓣有唇瓣化现象，如春兰圆蝶。又可分为蕊蝶（内蝶）与外蝶。

（9）蕊蝶：又称内蝶、内蝴，即捧瓣唇瓣化，如春兰翡翠猫、梁溪蕊蝶。

蝴蝶瓣（圆蝶，吴立方摄影）

蕊蝶（翡翠猫，吴立方摄影）

（10）外蝶：亦称外蝴，即副瓣唇瓣化，且唇瓣化面积达2/5以上，如蕙兰五虎蝶。

（11）裙蝶：外蝶之副瓣下曳拉长，形如裙裾，如春兰红双喜、墨兰蝴蝶新品。

（12）三心蝶：也称三星蝶，为蕊蝶中的特殊表现者，即捧瓣更像舌，与舌形成三出放射状，如蕙兰绿蕙红蕊。其捧瓣的形、色与舌完全一样，或非常接近，且花全开时常像舌一样微向后翻。唇瓣化捧瓣规整、稳定、鲜艳，有形有色。

外蝶（五虎蝶，吴立方摄影）

裙蝶（红双喜，陈海蛟供照）

裙蝶（蝴蝶新品，刘振龙摄影）

三心蝶（绿蕙红蕊，陈海蛟摄影）

四心蝶（金龙蕊蝶，林申燎摄影）

（13）四心蝶：也称四星蝶，为蕊蝶中的一种，即捧瓣多瓣化唇瓣化，且与舌形成四出放射状，常艳丽奇特，如蕙兰金龙蕊蝶。

（14）内外蝶：副瓣与捧瓣均唇瓣化，如春兰汇丰蝶。

（15）全蝶：外三瓣与捧瓣都唇瓣化，如建兰奇蝶。

内外蝶（汇丰蝶，钟德善摄影）

全蝶（奇蝶，潘颂和摄影）

兰家有话说 蝴蝶瓣鉴赏标准

蝴蝶瓣属于兰花中的正格奇花，只是副瓣或捧瓣产生特殊变异，因此其欣赏标准除副瓣或捧瓣要加上一些唇瓣化标准外，其余诸方面仍按正格花的标准来品评。

外蝶鉴赏标准（外蝶新品，毛佩清栽培）

①外蝶：凡上品外蝶，其花形除必须达到正格花的上品标准外，其两枚副瓣的唇瓣化面积必须达1/2~3/5。唇瓣化部位的色彩要鲜艳。两副瓣上唇瓣化的程度要高，形态及红点均要一致，并具有稳定性。整朵花形呈前瞻飞翔之状。

蕊蝶鉴赏标准（熊猫蕊蝶，吕斌栽培）

②蕊蝶：捧瓣唇瓣化程度越高越好，其捧瓣的形、色与舌越接近越好。一般而言，唇瓣化捧瓣越规整，底色越纯洁，斑点越鲜艳，色泽对比越强烈，其观赏性就越强，品位越高；反之，则观赏性差，品位低。形态要端正，要有彩蝶飞舞之神韵。

（16）色花：花色特别艳丽华美者，如建兰红花新品。其中，花色由两种颜色组成者称复色花，如建兰画魂。

色花（红花新品，刘振龙摄影）　　复色花（画魂，胡钰摄影）

（17）子母花：即一朵花中从外三瓣或捧瓣的基部或腋部长出不完整的小花，开成大花带小花状，如春兰多朵蝶、莲瓣兰黄金海岸、寒兰大汉奇珍。

（18）树形花：外瓣增多，且远离捧瓣和舌，呈互生状排列。花柄和子房较长。有的在外瓣腋处又长出花朵，呈分枝状。树形花名品有春兰千岛之花、莲瓣兰金沙树菊、蕙兰群英荟萃等。

子母花（大汉奇珍，刘振龙摄影）　　树形花（金沙树菊，杨开栽培）

树形花（群英荟萃）

（19）聚生花：多朵花聚生于顶端如头状花序，或多朵花聚生于花枝各侧，为兰花花朵着生的特异现象，如蕙兰溢彩、墨兰飘逸。

聚生花（溢彩，丁仲贤摄影）

（20）奇花：花朵瓣数增多或减少，通常指瓣数增多者，如春兰四喜蝶、绿云，蕙兰绿牡丹、中华锦狮，建兰岭南奇蝶。

奇花（绿云，杨积秀摄影）

奇花（中华锦狮，钟德善摄影）

（21）牡丹瓣：花朵瓣数增多，且局部或全部唇瓣化（舌5枚以上）的奇花，如春兰金云牡丹、灵素牡丹。

牡丹瓣（金云牡丹，吕德云栽培）　　　　牡丹瓣（灵素牡丹，王德仁摄影）

兰家有话说　牡丹瓣鉴赏标准

①花型硕大，舌多达5枚以上，雍容华贵，这是入选牡丹瓣的首要条件。

②花梗亭亭玉立，花形规整，是牡丹瓣入品的重要条件之一。只有花梗高耸、瓣多而不乱、舌排列有序、整体协调的牡丹瓣才有美感。

牡丹瓣鉴赏标准（华顶牡丹，王德仁摄影）

③色泽鲜艳，对比强烈，也是牡丹瓣入品的重要条件之一。牡丹瓣的最大亮点在于舌，舌最吸引人眼球的在于其色彩。在其他条件差不多的前提下，衡量牡丹瓣品位高低的标准就是看其舌色泽是否鲜艳夺目。主要内容包括舌的底色是否纯洁、舌的斑点色泽是否鲜艳、舌整体的色泽对比是否强烈等。一般而言，舌底色越纯洁，斑点色泽越鲜艳，色泽对比越强烈，其观赏性就越强，品位越高；反之，则观赏性差，品位低。

（22）菊瓣：整朵花看起来像菊花，瓣多且鼻也发生变异者，如春兰余蝴蝶。

（23）桃瓣：外三瓣形如桃形的花瓣，瓣宽、大、短、圆，或收根放角，或瓣端部略有偏斜、凹陷。对捧瓣无具体的要求。桃瓣名品有春兰翠桃、蕙兰方桃梅等。

菊瓣（余蝴蝶）

桃瓣（翠桃，毛佩清栽培）

（24）超瓣：也称团瓣。外三瓣极为阔大，却无明显收根放角，其特征是花大、瓣阔。对捧瓣无具体的要求。这类品种较为罕见，如春兰玉棠春。

（25）百合瓣：从传统瓣形中的飘门类发展来的新瓣形。其外三瓣与捧瓣都外飘，整体形似盛开的百合花，故名，如春兰绿谷百合。

超瓣（玉棠春，钟德善摄影）

百合瓣（绿谷百合，毛佩清选育）

①内外瓣外飘反翘，不起皱。

②捧瓣与外三瓣整体搭配协调，恰到好处，极具动态美感。

③花梗高耸，平架或出架，花朵硕大，飘逸洒脱。

百合瓣鉴赏标准（巧百合）

（26）竹叶瓣：外三瓣狭长，形似竹叶。绝大多数兰花花形属于竹叶瓣，如蕙兰江山素。

竹叶瓣（江山素，吴立方摄影）

（四）兰花主要叶艺鉴赏

（1）缟艺：缟，原意为白绢，引申为织物上的线纹。缟艺是指叶片上带有黄色或白色的粗线条（即艺），一般宽1～6毫米。

（2）中缟艺：叶片中间（不出叶尾）出现白色或黄色的像织物的线纹。

缟艺（吴立方摄影）

中缟艺（吴立方摄影）

（3）中斑艺和中斑缟艺：叶片中间（不出叶尾）出现重叠的线条，中骨明亮者，称中斑艺；缟线较多者称中斑缟艺。

中斑艺（陈海蛟摄影）

中斑缟艺（刘振龙摄影）

（4）晃艺：叶片中间的缟与斑自上而下连片延伸出现，其艺有如日光晃动，故名。

（5）片缟艺：叶片有时半边自上而下出现连片黄色或白色色块，有时叶幅1/3左右自上而下出现连片黄色或白色色块。

晃艺（圣纪晃，刘振龙摄影）

片缟艺（桑原晃，刘振龙摄影）

（6）扫尾艺：叶尾出现从叶尖向叶内走向的或疏或密、或黄或白、长短不一的丝状散射线。

（7）爪艺：叶尾尖端边缘出现白色或黄色的线条，并向两侧边缘延伸，使叶尾看起来像鸟爪。因其也像鸟嘴，故也称嘴，黄色者雅称金嘴，白色者雅称银嘴。

金嘴（陈海蛟摄影）

银嘴（陈海蛟摄影）

扫尾艺（玉妃，刘振龙摄影）

（8）冠艺：叶尾尖端边缘占叶尾面积1/3以上出深爪艺、扫尾艺，且叶尾有成片的艺，就像在叶尾套上一顶帽子一样。根据其颜色分为黄冠艺或白冠艺。

（9）鹤艺：在冠艺的基础上，叶质增厚，整个叶尾均有艺，呈黄色或白色的鹤嘴状，并有转覆轮的边艺。

冠艺（刘振龙摄影）

鹤艺（刘振龙摄影）

（10）鸡头艺：叶尾不但出现深爪艺或冠艺或鹤艺，而且叶尾的质感和形状都有别于一般兰叶的叶尾。叶尾厚实，增宽增大而形成钝尖、急尖，状如鸡头，刚劲硬实。一般指达摩冠艺、鹤艺中的高级品。

（11）覆轮艺：亦称边艺。指整株兰中的每片叶从叶尾沿着叶两边边缘延伸至叶的基部均出现黄色或白色艺，将整片叶子的边缘镶住，雅称金边或银边。一般整株兰六成以上的叶片均出现叶片长度的2/3以上的异色边，即可称覆轮艺。

鸡头艺（达摩）

覆轮艺

（12）中透艺：黄色或白色艺成片出现在叶片中间，且涵盖中叶脉和副叶脉，只留叶尾绀爪或绀帽（"绿帽子"）和叶边绿覆轮，称中透艺。

（13）斑艺：叶片中间（不在叶尾与叶边）出现不规则斑点状、块状的艺，其艺斑斑点点，或黄色或白色或青苔色，分别

中透艺（陈海蛟供照）

称黄斑艺、白斑艺、青苔斑艺。其形、色如虎皮者称虎斑艺，如蛇皮者称蛇斑艺。

虎斑艺（富贵金龙，刘振龙摄影）

（14）宝艺：叶片上异色斑细小浓密，其线散碎，或沉或浮，布满整片叶片。多为黄色，也有黄白兼具者。

蛇斑艺（寒兰新品，刘振龙摄影）

（15）粉斑艺：叶片上大斑成片，像云雾弥漫，一两块或三五块不规则分布于叶片上。

宝艺（宝岛之花）

粉斑艺（刘振龙摄影）

（16）曙艺：叶片上大斑成片，其艺从纯白色或纯黄色到夹杂细绿纹、小绿斑都有，遍布叶面大部分，如曙光初透。

（17）锦艺：整片叶布满细密的缟纹。叶片较厚实，颜色清丽，叶尾常有爪艺，宛如锦缎。

曙艺（中国兰花网供照）

锦艺（中国兰花网供照）

水晶艺（刘振龙摄影）

（18）水晶艺：叶尾或叶边或叶中间出现乳白色或银白色半透明的水晶状体，且该部分叶质增厚、隆起，分别称水晶嘴、水晶边、水晶龙，统称水晶艺。

（19）琥珀艺：叶片上出现不规则横切线、横切块，其线体、块体半透明，呈现琥珀光泽，故名。

（20）矮种：株型明显比同种类兰花的株型矮小。一般叶片厚实，刚劲有力，株型紧凑，有其特殊的观赏价值。

琥珀艺（琥珀金龙，潘润成摄影）

矮种（魏艺华摄影）

（21）行龙艺：叶片明显增厚，有褶皱，有隆起的纵棱纹，有的叶片增生。整片叶有时扭曲，宛如游龙。这类叶奇巧壮实，有观赏价值。

（22）奇叶艺：叶片形态异常，或旋转扭曲，或特宽、特大，或特窄……具有独特的观赏价值。

（23）叶蝶：叶片全部或上部唇瓣化，其质地、色泽如舌。多发生在心叶上。

行龙艺（陈海蛟供照）

奇叶艺（俏红娘，李映龙摄影）

叶蝶（陆明祥供照）

名品篇

（一）春兰部分名品

春兰又称山兰、草兰、扑地兰。叶片细长，4~7枚丛生，长20~55厘米，宽0.6~1.7厘米；叶薄革质，质地柔软，绿色至深绿色；叶面较平展，也有内凹者，中脉较明显，向背面突出，叶缘具细锯齿；叶尖端渐尖，中脉两侧对称，叶柄痕较明显。假鳞茎较明显，稍呈球形或椭圆形，较小，包藏于叶基与叶鞘内，成丛集生，高1~1.6厘米，直径0.8~1.5厘米。根细长，通常长20~40厘米、直径0.5~0.8厘米，偶有超此范围者。根通常无分枝。2~3月开花。花梗自假鳞茎基部鞘状叶内侧生出，直立，短于叶片，一般高2~20厘米，每葶1花或2花；被长鞘4~5枚，长4~7厘米，膜质半透明，紧贴花梗，下部合生呈管状；苞衣长而阔，膜质半透明，长3~6厘米，明显长于子房。花朵直径4~8厘米，多有香气；花色变化较大，从浅黄绿色、绿色、黄白色、淡褐色到其他各种颜色，一般具杂色脉和斑点；萼片薄肉质，披针形、倒卵形、矩圆形至卵圆形，长2.5~4.5厘米，宽0.8~1.3厘米，侧萼片略长或等于中萼片；花瓣薄肉质，披针形、卵形至倒卵

神话（吴立方摄影）

形，较萼片略短，长2.3~3厘米，宽0.9~1.3厘米，常围抱于蕊柱之上；唇瓣近卵形，长1.6~1.8厘米；花药1枚，药帽浅黄色；子房长3~4.5厘米，上部直径约0.3厘米。

春兰适应能力较强，分布广，广泛分布于四川、云南、贵州、浙江、福建、江西、江苏、安徽、广东、广西、河南、陕西、湖北、湖南、台湾等地，生长于林缘、林中空地、灌丛草坡、湿润山坡上。

春兰是我国栽培历史最悠久的兰花种类之一，在众多的古诗古画中都有对春兰的描述和赞美，传世名品众多。

大富贵（郑同荷）

品级：春兰荷瓣代表。

历史：1909年从上海花窖中选出，最初由浙江湖州郑同梅和杭州吴恩元引种栽培。

特征：新芽紫红色。叶鞘短圆紧抱叶柄。叶姿环垂。叶片肥厚宽阔，叶幅宽1.2~1.5厘米，叶长20~28厘米，最壮者可达30厘米

大富贵（品芳居供照）

有余。叶色深绿，叶尖钝而呈承露形，新叶富有光泽，叶质厚糯，叶缘光滑、有细密锯形齿。健壮苗叶片达6~7枚。花苞硕大短圆，呈水银红色，上布紫红粗筋；花梗高10厘米左右。外三瓣阔大，厚实糯润，花色净绿，瓣宽达1.5厘米，收根放角，紧边，主瓣呈上盖状，平肩或微落肩。捧瓣短圆，大刘海舌略卷。花大香浓。壮苗常开双花。花品端庄高雅，花形富丽堂皇、雍容华贵，故名大富贵。

兰家有话说　大富贵叶面易生黑斑，如何避免？

该品种叶面易生黑斑，日常养护中应注意通风，尽量少向叶面喷水。生长季节如注意让盆面干爽一些，空气湿度略低一些，可减少叶面黑斑的产生。

环球荷鼎

品级：春兰荷瓣名品。

历史：1922年下山于浙江上虞，上海郁孔照以800块银元买进。

特征：新芽紫红色。叶长18~28厘米，宽1~1.5厘米。叶姿斜立，叶色深绿，新叶有光泽。

环球荷鼎（品芳居摄影）

叶面有沟槽，叶质厚实，叶缘锯齿较细密，叶尾起兜呈匙形。苞衣为水银红色，有透明感，并缀有紫色条纹。花梗高约10厘米。外三瓣短阔，收根细，微有紧边，放角，平肩。短圆蚌壳捧，小刘海舌，舌面缀有艳丽的红点。花色绿中带紫红，略显浑，不够鲜丽，但日本兰界却认为是琥珀色，十分推崇。周恩来总理曾将此种赠送给日本朋友，在中日兰界传为佳话。

绿云

品级：春兰荷瓣奇花名品。

历史：1869年出于浙江杭州五云山，初为杭州留下镇陈氏所得，后被杭州邵芝岩重金购得，得以传世。

特征：新芽嫩白如玉，色泽看起来极似素心品种。其叶姿斜立，常呈扭曲状，叶质厚糯、短阔，富有光泽，叶梢钝圆，壮苗

绿云（叶建华摄影）

叶长20厘米左右、宽1厘米左右，叶鞘紧抱叶基部，叶脉极细，叶缘几无齿。绿云为勤花品种，两苗壮苗便能生蕾，且常开双花。花苞浅紫泛绿，浑圆紧凑。花梗高8~10厘米。外三瓣短圆，收根放角，紧边，

质厚；短圆蚌壳捧，内侧有3条左右对称的紫红纹；大刘海舌放宕，舌上点缀U形红点。从整体上看，花色碧绿，似天空飘逸的绿云，幽香四溢，分外美丽，有"春兰皇后"的美誉。

种养不佳时，绿云亦开出一般荷瓣花（陈海蛟供照）

绿云作为春兰荷瓣奇花，花形变化极大，时有多瓣、多舌、多花出现，最佳时开一葶双花，每朵花有8~10瓣，其中，外瓣4枚、捧瓣3~4枚、舌2~3枚，相依抱开，多姿多彩。如种养不佳，绿云亦开出一般荷瓣花，花品大打折扣。

兰家有话说　绿云难养吗？

　　一般养兰人都觉得绿云难养，其实不尽然。绿云难养，一般指的是温室苗，退草严重，发芽率低，难复壮，花香味差；而用传统方法莳养的原生种绿云，具有易种养、植株寿命长、抗病虫害能力强、极易起双花的特性。绿云性喜凉爽，相对而言较耐肥，薄肥勤施，可长壮苗。新芽萌发晚，一般在6月中下旬破土，发芽率不算很高，但生长迅速，新苗一般当年都能发育成熟。总之，绿云由于引种的途径不同，种苗质量和开品大相径庭，因此兰友引种时应格外注意，不能一味图便宜，最好引种老盆口用腐叶土种植的原生种绿云，价格虽高出温室苗1倍左右，但品质佳，最为划算。

宋梅

　　品级：春兰梅瓣代表，名列春兰"四大天王"之首。

　　历史：清乾隆年间由浙江绍兴宋锦旋选出，取名宋锦旋梅，简称宋梅。

特征：新芽淡紫红色。叶长20~30厘米，宽1~1.5厘米。叶色翠绿，有光泽，叶质厚，老叶呈弓形，叶姿半垂。花苞粉底淡紫色。花梗顶端一节转绿，细长出架，高12~18厘米。外三瓣圆头，紧边，平肩。蚕蛾捧，五瓣分窠，刘海舌，舌面常有1~3个红点，有时出现白舌。开品富有变化。壮苗开荷形水仙居多；特壮苗一葶可开双花，花为梅形水仙；矮壮的中苗能开五瓣结圆梅瓣，外三瓣极短圆，最为传神。

宋梅（品芳居摄影）

兰家有话说 宋梅在栽培过程中应注意什么？

宋梅虽为春兰梅瓣代表，但如养护不当开品也一般。冬季宜充分春化，避免出现"借春开"现象。

万字

品级：春兰梅瓣名品，为春兰"老八种"之一。日本兰界对万字特别推崇，将其列为"全盛稀贵品"，与宋梅、集圆、龙字并列为中国春兰"四大天王"。

历史：清同治年间下山于浙江余姚，成交于嘉兴南湖，由杭州万家花园首先栽培，故命名为万字。因嘉兴南湖别名鸳湖，故又称鸳湖第一梅。

万字（王德仁摄影）

特征：新芽淡绿泛紫晕，叶姿半垂，叶柄紧细，叶幅中部宽阔，可达1~1.5厘米。花苞淡粉紫色。花梗粗，暗粉紫色，顶上一节转绿，花梗高12~16厘米，出架。花色湖绿，花大，直径可达4.5~5厘米。外三瓣短圆阔大，瓣端有尖锋；平肩，有时为飞肩，神采飞扬。捧瓣肉厚，质糯润，形端正，为蚕蛾捧；捧瓣前端有微红点，这是万字特征之一。如意舌，舌端稍露而不下挂。

贺神梅（鹦哥梅）

品级：春兰梅瓣名品，为春兰"老八种"之一。

历史：1912年出于浙江余姚鹦哥山。

特征：新芽浅紫红色。叶色翠绿，叶姿斜立，叶长20~30厘米，宽0.6~0.8厘米。花梗浅紫色，顶上一节转绿；细长，高约12厘米。花苞玫瑰红色。

贺神梅（毛佩清栽培）

外三瓣短圆，收根，紧边极佳；两副瓣拱抱，飞肩。花正面绿，背面有红丝。捧瓣厚实，观音捧，五瓣分窠，两捧瓣内外均布有红条纹。圆正刘海舌，盛开后舌微卷，舌面有淡红点。花品端庄，极有精神。

桂圆梅

品级：春兰梅瓣名品，为春兰"老八种"之一。

历史：1912年由浙江绍兴朱祥保选出，又名赛锦旋。

特征：新芽紫绿色。叶色深绿，叶质厚实，叶姿半垂，叶长25~30厘米，宽0.9厘米左右。新

桂圆梅（陈耀明栽培）

叶有光泽，叶态优美。花梗细长，平架，翠绿，节间有红晕。苞衣银红，有透明感。外三瓣短圆，色净绿，平肩。分头合背，半硬捧，捧瓣小；小刘海舌，舌面缀有三五个鲜艳红点。植株健壮时，花圆整且较大，紧边肉厚，可与宋梅比美。

兰家有话说　桂圆梅养护小窍门

桂圆梅喜阳光，宜放在阳光充足之处，否则不易开花。此花只有植株健壮时方能开品到位。因贴肉苞衣紧包外三瓣，而外三瓣有钩状尖锋，故舒瓣时须轻轻施以"手术"挑开，方能使花容端正。

绿英

品级：春兰梅瓣名品。

历史：清光绪年间，由江苏苏州顾翔霄选植。1902年归杭州吴恩元的九峰阁兰苑。

特征：新芽翠绿微带红丝。叶长25~33厘米，宽可达1.2厘米。叶质厚，成叶呈半垂状，叶色深绿，有光泽。外三瓣大头细收根，紧边，瓣厚质糯，花色纯绿俏丽。花朵微向上仰，肩略垂，

绿英（品芳居摄影）

呈"门"字形，开久落肩。捧瓣为柔软的短圆蚕蛾捧。大如意舌，舌前端微向上翘而起兜，舌面缀有艳丽的元宝形红点。花梗细长，高15厘米以上，色如青梅果，为春兰绿梗绿花品种。顾氏根据其绿花、绿梗的特征命名为绿英。

集圆（老十圆）

品级：春兰梅瓣名品，为春兰"老八种"之一。

历史：1850年，一云游高僧掘得；1852年，浙江余姚张圣林获得此花。

特征：新芽紫绿色。开花期比宋梅晚几天。叶长25~30厘米，宽1~1.3厘米，叶尖微钝，叶色浓绿，新叶富有光泽，老叶斜垂，叶质厚而糯润。中间有1~2枚细狭的叶片。叶形与宋梅颇为相似。苞衣紫红色。外三瓣着根结圆，故名集

集圆（桑德强摄影）

圆。有时开梅形水仙瓣，两副瓣稍长。平肩。软蚕蛾捧，顶部有浅紫红晕，五瓣分窠。小刘海舌，舌面有2~3个红点。花色微带黄绿色，瓣肉厚，花容端庄，花期长。健草健花，流传广泛。

廿七梅

品级：春兰梅瓣名品。

历史：1978年由绍兴养兰老人孙廿七从漓渚大银岭山选得，故命名为廿七梅。

特征：新芽鲜红色，刚发出的新叶白头重。植株高大，叶长20~38厘米，宽1~1.5厘米，叶尖钝，叶面有浅沟。叶姿半垂，偶

廿七梅（李卫武摄影）

有扭曲叶。花梗挺拔，高10~15厘米。花苞紫红色，缀绿彩。外二瓣短圆阔大，收根放角，瓣端有尖锋。主瓣呈上盖状，平肩。软兜捧，圆整光洁，五瓣分窠。刘海舌上缀有红点。花色净绿，花容丰丽，花期特长。花守极佳，绽放30多天不变形。

龙字（姚一色）

品级：春兰荷形水仙之冠，为春兰"四大天王"之一。

历史：清嘉庆年间，发现于浙江余姚高庙山。

特征：新芽绿中带紫。植株雄伟，叶姿半垂。叶长30~47厘米，宽约1.2厘米，叶基部人约有10厘米长的叶柄；中幅宽，叶尾稍尖锐。花梗细长，高15~20厘米。花苞玫瑰红色。花大，直径可达7厘米。外三瓣阔大，紧边，

龙字（品芳居摄影）

两副瓣呈拱抱状，平肩。软兜观音捧，五瓣分窠。大铺舌，舌面通常缀有两长一短的鲜红点。花色鲜嫩翠绿，花品端庄秀美。

西神梅

品级：春兰梅形水仙之冠。

历史：1912年由江苏无锡荣文卿选出，产于浙江奉化。

特征：新芽玫瑰红色。叶长20~25厘米，宽0.8~1厘米。新叶葱绿，富有光泽，叶端部尖锐，叶缘锯齿特别明显。成苗只需4枚叶便可起花。叶形婀娜多姿，有的斜立，有的半垂，有的呈

西神梅（陈耀明摄影）

弓形。花梗细长，高可达15厘米，浅紫色。苞衣为水银红色，有透明感。外三瓣宽阔，圆头，平肩，色嫩绿无脉纹。蒲扇捧，大刘海舌，舌面缀有一个浑圆的硕大红点。

汪字

品级：春兰水仙瓣名品，为春兰"老八种"之一。

历史：清康熙年间，由浙江奉化汪克明选出。

特征：新芽紫色。叶长25~30厘米，宽0.9厘米左右。叶色深绿，叶尖尖锐，叶片直立性强。花梗细长，高15~35厘米，淡紫。外三瓣长脚圆头，收根，紧边，主瓣上盖，平肩，两副瓣呈拱抱状。捧瓣乳白色，短而软。圆舌，舌面红点淡，有时净白。花

汪宇（赵爱军摄影）

色淡绿泛黄，花品端正，花守好，为水仙瓣中最具筋骨者。勤花，长势旺盛。

逸品

品级：春兰水仙瓣名品。

历史：民国初年下山于浙江宁波。

特征：新芽紫色。叶长30厘米左右，宽0.9厘米左右，叶厚糯，色深绿，叶尖钝，叶姿斜立。花梗细长，高15~20厘米，粉红色。花苞赤绿色，苞衣色泽艳丽。外三瓣长脚圆头，紧边，收

逸品（叶建华供照）

根，平肩。挖耳捧，五瓣分窠。小圆舌，舌面红点鲜艳。虽外三瓣和捧瓣有紫红筋，但花色翠绿，花品秀逸，别有风韵。

西子

品级：春兰水仙瓣名品。

历史：1945年抗日战争胜利之时，由江苏无锡沈渊如选出。

特征：新芽淡紫红色。叶长20~30厘米，宽1~1.2厘米，叶尖钝，叶姿半垂。花梗细圆，高约15厘米，淡紫。花苞红紫色。开品富有变

化，经常有梅形水仙或荷形水仙瓣形出现。开荷形水仙时，外三瓣圆头长脚，收根放角，瓣质糯润，平肩，半硬蚕蛾捧，五瓣分窠，大圆舌，舌面缀有鲜艳的红点。开梅形水仙时，外三瓣圆头，长脚收根，瓣肉厚，软蚕蛾捧，五瓣分窠，小刘海舌。花色翠绿清丽，花品端正秀雅。

西子（赵爱军摄影）

兰家有话说 西子花开应注意啥？

此种开花时盆内植料宜略干，如太湿则开天窗。

文团素

品级：春兰荷形素心名品。

历史：清道光年间，由江苏苏州周文段选出。

特征：叶长25~30厘米，宽1厘米左右，叶色深绿，有光泽，叶沟较浅，叶尖尖锐，叶质软，叶姿弓垂。花梗细长，平架。花梗与花苞淡绿色。外三瓣收根放角，主瓣长阔、紧边。两副瓣稍狭，收根细，略有紧边，花色翠绿，瓣尖部厚，有肉质感，硬挺，平肩。剪刀捧，五瓣分窠。大刘海舌，色微白。

文团素（陈耀明栽培）

余蝴蝶

品级：春兰菊瓣名品。

历史：原产浙江兰溪，下山后便流入日本，日本兰界命名为"余蝴蝶"。20世纪80年代中期开始陆续返销回来。

特征：新芽淡绿色，缀有紫筋纹。叶长25~30厘米，宽0.8厘米左右，叶色淡绿，老叶有长约

余蝴蝶（品芳居摄影）

10厘米的叶柄，叶姿半垂。花梗高10~12厘米。苞衣浅绿色，布有紫筋纹。瓣多达20多枚，且经常一葶双花，两朵花连在一起，瓣可达40余枚。壮苗甚至一葶三花，宛如绿菊。

老蕊蝶

品级：春兰蕊蝶名品。

历史：民国初年由上海杨杏生选育。

特征：新芽紫色。叶长20~30厘米，宽0.7厘米左右，叶色深绿，有光泽，叶尖尖锐，叶细狭半垂。花梗细长，能超出叶架。花苞粉红色，缀有紫筋纹。外三瓣狭长，落肩。捧瓣完全唇瓣

老蕊蝶（桑德强栽培）

化，与原有的舌组成三舌。唇瓣化的捧瓣有红斑，且有淡绿色晕，白底红斑，对比强烈，鲜艳夺目，分外娇美。大卷舌，缀有红点。

黑猫蕊蝶

品级：春兰蕊蝶名品。

历史：1990年，浙江舟山吕建军从当地下山兰中选得。

特征：新芽紫红色，芽尖有白头。叶长20~28厘米，宽1厘米左右，叶质厚，叶姿斜立。花梗高10~15厘米。苞衣水银红色，有透明感。外三瓣呈竹叶状，落肩。两捧瓣向外张开，活像两只猫耳朵，捧瓣边缘镶银边，瓣内布满艳丽的紫黑色斑块。舌宽大，向后翻卷，舌面缀有鲜艳的U形红点，别具一格。

黑猫蕊蝶（张信宝摄影）

碧瑶

品级：春兰蕊蝶名品。

历史：1986年，浙江舟山张根友从当地下山兰选出。叶色及外三瓣碧绿，捧瓣唇瓣化，仿佛神话中的瑶池仙葩，故命名为碧瑶。

特征：叶长20厘米左右，宽0.8厘米左右，叶姿半垂，叶质厚糯，富有光泽，叶尖呈透明水晶状，中心叶出亮丽的叶蝶。花梗细圆，高10~15厘米。花苞赤绿色，有奇彩。外三瓣阔大。两捧瓣变异成舌，缀有3条红纹，基部布紫色斑。舌白，缀有红点。

碧瑶（钟永东供照）

虎蕊

品级：春兰蕊蝶名品。

历史：1994年由浙江新昌王其宝选育。

特征：新芽紫红色。叶长28~32厘米，宽0.8~1厘米，叶尾极尖。花梗细长，出架，紫红色。外三瓣长脚，大落肩。两捧瓣完全唇瓣化，捧周镶有宽阔的白边，中部缀有玫瑰色斑块，酷似一对虎耳。白色卷舌缀有U形红点，活像虎口伸出之舌，故以虎蕊命名。常一莛双花。勤草勤花，为春兰蕊蝶不可多得的名品。

虎蕊（陈海蛟供照）

大元宝

品级：春兰蕊蝶名品。

历史：1990年，浙江舟山吕建军采于舟山狭门里回峰。

特征：新芽紫红色，新发叶尖部有紫红晕。壮苗叶长25~27厘米，宽0.8厘米左右，叶色深绿，叶姿半垂。叶片边缘很容易出水晶叶蝶。花梗紫红色，较高。外三瓣中间各有一条紫筋纹。内三瓣完全对称，白底上缀鲜艳U形大红点，花初开时两捧瓣看起来像元宝。鼻随花开放由淡黄色转为银白色。花朵硕大，色彩丰富，为舟山下山蕊蝶的杰出代表。

大元宝（陈海蛟摄影）

大元宝初开两捧瓣形似元宝（吴立方摄影）

高明蕊蝶

品级：春兰蕊蝶名品。

历史：2004年下山，由浙江新昌潘步高选育。

特征：叶姿半垂。叶上没有唇瓣化现象。新芽尖部有乳化白头，并有五彩晕向下延伸，异常鲜艳。花苞翠绿，布满沙晕。外三瓣紧边，竹叶瓣。花大。两捧瓣全部唇瓣化，底色洁白如雪，上缀鲜艳夺目的红色斑块，上端红斑块呈U字形，白底红斑，对比强烈，分外娇艳。

高明蕊蝶（潘步高摄影）

盛世牡丹

品级：春兰牡丹瓣名品。

历史：2000年春下山于湖北恩施，卢干选育。

特征：叶片细狭，基部紧抱，上部弧垂。花梗高，出架。勤草勤花。瓣多达20余枚，且大多完全唇瓣化，白底红点，格外艳丽，飘逸潇洒，其形态活像一朵微型牡丹花。

盛世牡丹

（二）蕙兰部分名品

蕙兰，又称蕙花、九华兰、九节兰、夏兰、巴茅兰、火烧兰。

叶姿雄健，叶片5~10枚丛生，长30~100厘米，甚至更长；宽0.6~1.5厘米，狭带形，基部常对折。叶上部微弯曲，薄革质，质地较坚硬；中脉明显，两侧对称，半透明，叶背面突出，平行脉也较明显；叶边缘具粗锯齿，叶面粗糙，叶尖端渐尖；叶柄痕不明显。蕙兰的根较粗长，长21~35厘米，直径0.5~1厘米，基部略比根前端粗大，无分枝。假鳞茎不明显。 花期4~5月。花梗由假鳞茎基部外层叶或鞘状叶内侧生出，近直立或微外倾，高25~75厘米。总状花序，每葶着花5~15朵，花朵中等大小，直径5~8厘米。花色多为浅黄绿色或橙黄色，有深紫红色的脉纹和斑点。花通常香气浓郁。萼片和花瓣为

祥荷（陈海蛟摄影）

薄肉质，萼片披针状、矩圆形至狭倒卵形，长3~7厘米，侧萼片等于或短于中萼片，萼片平展，常为落肩。花瓣前伸，微合抱于蕊柱之上，先端分离。唇瓣较长大，不明显三裂，长2.8~3厘米；倒卵形，较厚，上面密布绒状腺体，向下反卷。

蕙兰产于江苏、浙江、湖北、湖南、贵州、云南、四川、陕西、福建等地，江浙地区流传不少蕙兰传统名品。

大一品

品级：蕙兰"老八种"之首，绿蕙荷形水仙之冠。

历史：乾隆末年或嘉庆初年产于浙江富阳，由嘉善胡少梅选出。

特征：叶长35~55厘米，宽
1~1.5厘米，叶色翠绿，新叶富
有光泽，叶缘锯齿清晰。叶姿半
垂，植株雄伟。花苞翠绿，沙晕
极佳，苞衣紧扎。花枝细圆挺
拔，灯草梗，高出叶面，被誉为
"蕙兰中最具风姿者"。每葶着
花8~12朵。花型大，直径达7厘
米。外三瓣荷形，平肩，收根放
角，瓣质糯润。大软蚕蛾捧。大
如意舌，上缀淡红点。

大一品（吴立方摄影）

兰家有话说 如何避免大一品花开后外三瓣后倾？

大一品花盛开后外三瓣易后倾，这主要是植料湿润造成的。为
避免大一品花开后外三瓣后倾，小排铃时植料应适当扣水，尽可能
让其干开，这样开出的花较端庄。

老上海梅

品级：蕙兰"老八种"之
一，绿蕙名品。

历史：1796年由上海李良宾
选育。

特征：叶长40~50厘米，宽
1厘米左右，叶色翠绿，有光泽，
叶姿半垂，叶架高，叶缘内裹呈U
形（即槽形），尤以叶片的中下
部最为明显。花梗细长，出架，

老上海梅（陆明祥摄影）

每葶着花5~8朵不等。花色翠绿。外三瓣长脚圆头，平肩，拱抱，紧边，质厚。半硬捧，圆整光洁。穿腮舌，舌面有密集的艳丽红点。花朵疏朗，格外精神。壮苗时外三瓣极佳，飞肩到位，神韵独绝。

兰家有话说 如何鉴别老上海梅？日常养护应注意啥？

老上海梅存量极少，兰贩大多以仙绿冒充，最好见花引种。老上海梅的穿腮舌是其防伪标志。该品种壮苗开花最为传神，属惰花品种。日常养护忌分盆过勤，否则不易来花。

元字

品级：蕙兰"老八种"之一，赤蕙名品。

历史：《兰蕙同心录》记载为"道光时出浒关"，确切下山时间及选育者已无从考证。

特征：新芽绿中泛浅紫晕。叶长50厘米左右，叶宽1.5厘米左右。叶姿半斜垂，边叶半垂，中心叶斜立。叶质厚硬，叶缘锯齿明显且较粗糙，叶脉明晰透亮。花苞硕大，浑圆紧裹，周身布满紫色沙晕，气质不凡。花梗特高，色泽绿中带紫晕，高耸出架，高达60厘米左右，每葶着花5~13朵，小花柄浅紫红色。外三瓣一般长脚圆头，质厚紧边，平肩，拱抱，花色绿中泛黄。五瓣分窠，半硬蚕蛾捧，捧瓣圆整光洁，捧瓣前端有明显的指形叉。执圭舌，舌平挂不卷，舌瓣上红

元字（吴立方摄影）

点呈块状，色彩极鲜艳。花朵硕大，直径可达6~7厘米。花守特佳。

兰家有话说 元字日常养护应注意什么？

元字为赤蕙难得精品，极易起花，但发芽率低。日常养护忌分苗过勤，否则得不偿失。放花时若浇水外瓣易拉长，应适当扣水。

程梅

品级：蕙兰"老八种"之一，赤蕙梅瓣之王。

历史：清乾隆年间，由江苏常熟程姓医生选出。

特征：叶长45~55厘米，宽1.5厘米左右，叶质厚，叶姿半垂，雄伟。叶色深绿，叶缘锯齿明显，第一片边叶短而头圆，呈匙形。花苞为赤麻壳。花梗粗壮高大，小花柄紫色，每葶着花7~9朵。外三瓣短圆紧边，瓣肉厚而糯润，花色淡黄绿，瓣根有粉红云，俏丽异常。主瓣呈上盖状，平肩。分头合背，半硬捧，捧瓣短圆阔大且整洁，苗养壮了也能五瓣分窠。龙吞舌。

程梅（品芳居摄影）

兰家有话说 怎样才能养壮程梅？

程梅叶姿雄伟，喜阳耐肥是其一大特点，生长期间宜薄肥勤施，让它多见阳光，这样易发壮苗。

关顶（万和梅）

品级：蕙兰"老八种"之一，赤蕙梅瓣名品。我国兰界素以关顶色暗、捧瓣为豆壳捧而将其列在程梅之下，日本兰界却对其十分推崇。

历史：清乾隆年间，由江苏万和酒店店主选出。

特征：叶长40~50厘米，叶宽同程梅，叶色则较程梅浅些，叶质厚硬，叶姿半垂。新芽绿底上面有红丝晕。花苞赤色满布紫红筋麻。花梗浅紫红色，高达50厘米，超出叶面，每葶着花8~9朵。外三瓣短圆紧边，平肩。豆壳捧，捧瓣易交搭。大圆舌，绿苔上缀有紫红点。唯花色暗紫不够明丽，是为缺陷。

关顶（吴立方摄影）

兰家有话说 如何让关顶花色绿一些？

关顶外瓣色昏暗为其缺点，若能在稍阴处栽培起花，花瓣色会绿一些。

荡字（小塘字仙）

品级：蕙兰"老八种"之一，绿蕙荷形水仙名品。

历史：清道光年间，由江苏苏州至荡口的花船上售出。当时有人采得大丛下山蕙草，分成4块，压在竹篓内，叶伤过半，入舟游卖。荡口镇有人买得一丛，命名为"荡字"；西塘镇亦有人购得一丛，取名为"小塘字仙"。

特征：叶长40~50厘米，宽0.8~1厘米，叶色深绿，有光泽。叶面有V形叶沟。叶姿半垂。花梗细挺，高出叶架，每葶着花7~16朵。花型较小。外三瓣圆头，紧边，平肩。蚕蛾捧光洁圆整，五瓣分窠。如意舌，舌面布满鲜艳的红点。久开花形不变，仅花色转黄。

荡字（吴立方摄影）

楼梅（留梅）

品级：蕙兰"新八种"之首，绿蕙滑口荷形水仙之冠。

历史：1892年前后，由浙江绍兴楼氏选出，故名楼梅。传主人有一次在家大宴宾客，酒后送客至门口，适值那盆佳蕙舒瓣放香，于是又留客赏花，故又名留梅。

特征：叶姿弓垂，叶态优美。叶长40~50厘米，宽1厘米左右，叶色翠绿，有光泽。花梗细长，超出叶架，每葶着花5~9朵，小花柄较长。外三瓣阔大，细收根，瓣质糯润，平肩。浅兜蚕蛾

楼梅（吴立方摄影）

捧，五瓣分窠。大铺舌，舌面缀满密集的紫红点。花色特别翠绿，花形丰满秀美。

兰家有话说 引种楼梅须谨慎

楼梅存量极少，大多在无锡兰友手中，引种时最好见花引苗，以免上当受骗。

端梅

品级：蕙兰"新八种"之一，赤转绿蕙梅瓣名品。

历史：1913年，由浙江杭州虞长寿选出，吴恩元培育。因其花容端正，故命名为端梅。

特征：叶姿挺拔而半垂，近似程梅，叶脉细而白亮，叶长40~50厘米，宽1~1.4厘米。花梗细长，高出叶架，每葶着花10余朵，因小花柄短而显得较拥挤。外三瓣圆头，收根放角，紧边，平肩。蚕蛾捧，五瓣分窠。大如意舌，红点成块而鲜明。花色翠绿，花品端正。

端梅（张守伦摄影）

兰家有话说 兰市上端梅伪品多

端梅没有绝种，只是存量甚少，现在市面上兰贩大都以崔梅冒充，引种时须谨慎。

荣梅（锡顶）

品级：蕙兰"新八种"之一，赤转绿蕙梅瓣名品。

历史：1909年，由江苏无锡荣文卿选出。

特征：叶姿半垂，叶色翠绿。叶质厚硬，有光泽，叶沟较深。叶长40厘米左右，宽0.8~1厘米，叶形似解佩梅。每葶着花7~9朵。外三瓣长脚圆头，质糯肉厚；两副瓣拱抱，平肩。五瓣分窠，半硬捧，有时捧瓣基部有合背形式。圆舌。花色翠绿而俏丽，花形极佳。

荣梅（吴立方摄影）

兰家有话说 荣梅引种注意事项

荣梅存世量极少，主要都在无锡兰友手中，现市面上流传的"荣梅"大都为解佩梅，购买此花时要格外注意。

老极品

品级：蕙兰"新八种"之一，绿蕙梅瓣名品。

历史：1901年，由浙江杭州公诚花园冯长金选出。

特征：叶质厚硬，叶姿斜立，叶长40~55厘米，宽1~1.2厘米。从叶柄至中幅略有叶沟，中幅到叶尾又逐渐平展，叶脉透亮。花苞短阔，呈浅绿色，出土后就裂开。花梗高40~50厘米，粗壮，浅绿色，光洁，每葶着花8~13朵不等，花朵间距小，不够疏朗。外三瓣圆头，紧边，瓣肉厚，平肩，拱抱绽放，瓣端起兜呈匙形，花色浅翠绿。半硬捧，五瓣分窠，有时也分头合背。大龙吞舌，舌面红点鲜明。花容端庄，骨力持久，美中不足是花朵拥挤。

兰家有话说 如何避免老极品烂苞？

老极品花苞出土后就开嘴裂开，浇水或洒水时应特别注意不要让水进入花苞，以免花苞腐烂。

老极品（春华摄影）

端蕙梅

品级：赤蕙梅瓣名品。

历史：民国初年，由浙江绍兴棠棣兰农诸长生选出。

特征：叶质厚硬，叶色深绿，有光泽，叶细狭，叶姿斜立，叶长40~50厘米，宽0.8厘米左右。花苞赤紫色。花梗细长，高出叶面，淡紫色，小花柄紫红色，每葶着花6~10朵。外三瓣长脚圆头，质糯肉厚，紧边收根，平肩。半硬捧。花色绿中泛黄带粉红彩，花形端庄。大如意舌，舌面红点鲜明。植株寿命长，易栽培。

端蕙梅（春华摄影）

绿牡丹

品级：赤蕙牡丹瓣名品。

历史：1999年，浙江绍兴诸建庆在湖北随州选得。

特征：叶长50~57厘米，宽1~1.1厘米。叶质柔软，叶姿环垂。花梗高40厘米以上，紫红色小花柄特长，每葶着花7~12朵。外三瓣属于大竹叶瓣。该花最大特点是舌多，猫耳捧旁的鼻变异出许多唇瓣化小舌，排列有序紧凑。舌布满晶莹大红斑，与碧绿的外三瓣相映成趣，雍容华贵。

绿牡丹（陆明祥摄影）

大叠彩

品级：赤蕙蕊蝶名品。

历史：1991年，吕建军在浙江舟山定海选得。

特征：新芽淡紫红色。叶色翠绿，叶质厚，叶面呈V形；叶长35~45厘米，宽1.2厘米左右；叶尖钝圆，边叶起兜呈匙形，叶姿环垂。紫红色花梗浑圆直挺，出架，小花柄鲜紫红，每葶着花7~15朵。外三瓣为竹叶瓣，色微黄，落肩；两捧瓣唇瓣化充分，与舌一样镶白边，红点密集成块，"三舌"鲜艳夺目。

大叠彩（林怀汉摄影）

卢氏蕊蝶

品级：绿蕙蕊蝶珍品。

历史：2002年下山于河南嵩山，浙江黄岩卢干从湖北随州引种栽培。

特征：新苗翠绿色，平板草，少锯齿，成苗叶色偏淡，叶长40~60厘米，宽0.6~1厘米，叶姿斜立。花苞翠绿色。花梗细挺，高约60厘米，灯草梗，大出架，小花柄中等偏长。花色翠绿，鼻变异，朝天开放。外三瓣自然萎缩，捧瓣完全唇瓣化，呈

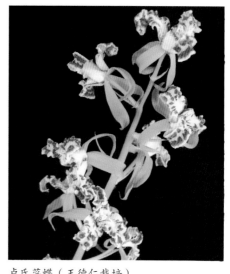

卢氏蕊蝶（王德仁栽培）

舌状。"三舌"白底红点，色彩对比强烈，肉质糯润，大反卷。

颜如玉

品级：蕙兰素心色花名品。

历史：2005年下山于安徽霍山，程禹、史宗义引种栽培。

特征：叶芽紫色。叶姿斜垂，叶阔长，叶尾尖，叶脉细而明亮，叶质厚，叶缘锯齿细，叶长50厘米左右，宽1.5厘米左右。花梗赤紫色，灯草梗。外三瓣近荷形，平肩，拱抱，骨力极佳，质糯。朱砂彩自瓣基浸润而出，整花有3/4被渲染，美若彩霞。蚌壳捧，鼻小，舌阔大、微卷。

颜如玉（程禹摄影）

（三）春剑部分名品

春剑叶片狭带形，4~7枚丛生，长30~70厘米，宽0.8~1.5厘米。因其叶片刚健直立如冲天之剑而得名。叶薄革质，质地坚挺，绿色至深绿色。叶面深度内凹，切面呈V形。中脉明显，向背面突出，侧脉明显可见。叶面以中脉对称，叶缘具细锯齿，叶尖端渐尖；叶柄痕不明显。鞘状叶长9~15厘米，薄革质，紧裹叶束（成苗的叶基仍然紧抱成束，也就是人们常说的"巴茅脚子"）。根粗短，长15~30厘米，直径0.7~1厘米；根的首尾粗细均匀，无分枝。假鳞茎较小，卵圆形或椭圆形，长1~2.5厘米，宽1~1.7厘米，偶有超此范围者。花期2~3月。花梗1~2个，由假鳞茎基部鞘状叶的内侧生出，直立，圆柱形，高17~35厘米，有浅绿色、紫红色等。总状花序，每葶着花2~5朵，也有更多者。花直径5~7厘米，也有更小或更大者。花的颜色多种多样，有浅绿、紫红、褐绿等。春剑花均有香气，清淡纯正，也有香气浓郁者。萼片和花瓣均为薄肉质。萼片披针形或矩圆形，偶有特阔者，侧萼片略长或等长于中萼片，通常萼片平整舒展；侧萼片多斜向伸展。花瓣短于萼片，多呈卵状披针形，前伸，合抱于蕊柱之上，前端常呈捧合状，也有分离或上翘者。唇瓣长而反卷，不明显三裂，前裂片倒卵形，侧裂片近半圆形，两条褶片平行纵贯唇盘中央，直达前裂片，也有不明显者。

春剑主产于四川，其名品深受人们的喜爱，具有较高的观赏价值。

鱼凫牡丹（陈海蛟供照）

玉海棠（碧玉衔月）

品级：春剑梅瓣名品。

历史：产于四川通江，由周家长引种栽培，并命名。

特征：新芽绿色。叶长55~80厘米，宽1~1.5厘米，叶姿斜立。叶面平展，叶缘细锯齿明显，叶尖呈水晶状。花梗高约27厘米，浅绿色，每葶着花3~5朵。花朵向上开放。外三瓣近平展，近圆形

玉海棠（陈海蛟供照）

或卵圆形，基部略收狭，圆头，常有两侧收紧而出现的褶皱或微凹，浅绿色，边缘具白色窄边。捧瓣直立且紧抱鼻，先端明显增厚、浅黄色，下部黄绿色，两侧具黄色窄边。舌短小，下倾且前端有凹缺，正中有不规则的紫红色斑点，侧裂片有密集的紫红色小斑。花直径约3.2厘米。色如翠玉，形似海棠，神采奕奕，典雅高贵。

皇梅

品级：春剑梅瓣名品。

历史：1991年四川万源一兰商在收购山采兰时挑选出来，种养数年复花后，于1995年拿到成都花市出售，为成都兰家黄兴明购得并命名。

特征：叶片墨绿色，叶质厚糯而软，每株叶5~8枚，叶长可达60厘米，叶宽1.4厘米左右，尖尾。花梗出架，每葶着花2~5朵。平肩，花守相当好。花初开

皇梅（任国良摄影）

时，外三瓣上几乎没有红筋杂点，如珠宝般晶莹透亮；久后，呈现少许淡黄色；将谢时，变成青绿色。外三瓣短脚、阔圆、紧边、内扣，呈勺状。捧瓣阔大浑圆。圆舌，舌面上缀大红圆点，如口含珠宝，深藏不露。

桃园三结义

品级：春剑蕊蝶名品。

历史：产于四川，由刘清涌命名。

特征：新芽鲜紫红色。单株叶片4~5枚，叶长40~60厘米，宽0.5~0.8厘米，叶色浅绿，叶姿直立或斜立。心叶出现紫红色水晶彩点或彩纹，似天上彩虹镶嵌在叶片上面，形成天然的特殊防伪标记。花梗高22~30厘米，浅绿带紫红色沙晕，每葶着花3朵左右。

桃园三结义

花朵向上开放，花直径约5厘米。花形稳定，朵朵如一。外三瓣布满细红条纹，呈三角均匀分布。捧瓣完全唇瓣化，与舌同形，形成三舌状。舌面玫瑰红色的斑点及桃腮彩纹密布在白底上，宛如贵妃醉酒后的绝世容颜，鲜艳夺目。

奥迪牡丹王

品级：春剑牡丹瓣名品。

历史：2004年下山于四川什邡，由王元修、刘清涌命名。

特征：植株健壮，一般每葶着花两朵。花直径约8厘米。花圆形，丰满硕大。整朵花呈妖艳的桃红复色，脉纹清晰。外三瓣唇

奥迪牡丹王

瓣化，带红覆轮，其内多瓣全唇瓣化，鼻花蕊化。花基部的苞衣也变成三瓣。整花既似重瓣牡丹花，又似重瓣山茶花。

一品荷

品级：春剑荷瓣名品。

历史：1992年下山于四川通江，由杨德明、吴文英夫妇选育。

特征：新芽深绿色。单株常5枚叶，叶长40~70厘米，宽1.4~1.7厘米，叶姿直立或斜立。叶面近平展，叶缘细锯齿明显。花梗高25~30厘米，棕红色，每葶着花3~4朵。外三瓣近平展，椭圆形或卵圆形，边缘向后翻，两副瓣微下落；内侧浅绿色，布多条淡

一品荷

紫红色粗纹，背部整体呈红色。捧瓣平伸出，中部最阔，向前收狭明显，前端内扣，与外三瓣同色。舌短圆，前端微反卷，底色乳白或淡黄，正中有紫红色U形斑点。花直径4.5~5厘米。姿态端庄，色彩明亮。

天府荷（老荷瓣）

品级：春剑荷瓣名品。

历史：20世纪80年代下山于四川，由宋世平、周波命名。

特征：叶长40~55厘米，宽约1.2厘米。叶色翠绿，叶面行龙起皱，叶尖锐，半垂微扭，叶鞘紧裹，有麻绿色沙晕，具有典型荷瓣叶特征。苞衣紫红色。花梗高。花色绿带麻筋，略显浊。外

天府荷

三瓣收根紧、放角宽，罄口捧，大圆舌。

一品黄素

品级：春剑素心名品。

历史：历史不详，由杨永新命名。

特征：植株高大。叶片长可达70厘米，宽约1.5厘米，较厚，有沟槽。其叶片下部直立，到叶长2/3处开始形成弧形。若数苗成丛，其状如华盖，形神兼备。整个花梗呈金黄色，出架。外三瓣质地柔软细腻，落肩，蚌壳捧，卷舌，花姿端庄。

一品黄素

天府红梅

品级：春剑梅瓣名品。

历史：四川产，历史不详。

特征：单株叶3~5枚，叶长约55厘米，宽约1.3厘米，叶色浅绿，仅中上部叶缘有明显细锯齿，叶姿斜立或半垂。花梗高约25厘米，浅绿色，每葶着花3~4朵。主瓣呈前倾状，近椭圆形，前端圆或凹缺，且常向外侧翻卷；两副瓣微下落，中部浅绿色，向两侧渐呈紫红色，边缘呈深紫红色。捧瓣狭长肉质，与鼻近等长，紧抱鼻，且前端起兜，

天府红梅

浅绿色。舌短，紧靠鼻，前端下倾且有近椭圆形的紫红点，中基部密布紫红色小斑点。花直径4~4.5厘米。

（四）莲瓣兰部分名品

莲瓣兰叶质较软，多呈弓形弯曲，单株叶片5~8枚，叶长35~80厘米，宽0.4~1厘米，边缘具细齿。叶鞘及苞衣白绿色或紫红色。莲瓣兰的根与春剑相似，粗短，无分枝。假鳞茎不明显，集生成丛。花期12月至翌年3月。花梗直立，高4~6厘米，高出或低于叶丛，每葶着花2~5朵。花浅绿色、粉红色、白色、黄色等，但以白色居多，花具清淡或浓郁的香气。萼片三角形披针形，通常有轻微扭转。花瓣较短而阔，有深浅不同的红色或其他颜色的脉纹。唇瓣反卷，多有红色斑点。

永怀素（吴立方摄影）

莲瓣兰主要产于云南、四川、贵州等地，由于花叶俱美，花香宜人，深受人们喜爱，名品众多。

滇梅（包草）

品级：莲瓣兰梅瓣名品，莲瓣兰"五朵金花"之一。

历史：此花一说为1995年2月在云南巍山发现，原产于滇西三江流域大峡谷地带；一说为1994年巍山兰家张包从五印山区山民购得，称其为包草。

特征：单株叶片7~8枚，线形叶，细长，植株松散，叶姿半垂。叶片长39~50.6厘米，宽0.3~0.6厘米，叶色翠绿。成熟叶鞘较狭长，向外翘。叶脉较细，主脉稍稍偏向一边，叶沟深，向上渐平展；叶面光滑平整，叶缘锯齿细小，新叶尖端透明呈红色，叶尖极尖。每葶着花2~5朵。花淡紫红带藕红色，色泽雅丽，硬捧，标准梅瓣。外三瓣较薄，有的反卷，但整体美观大气，有"滇中第一梅"之誉。

滇梅（杨开摄影）

奇花素

品级：莲瓣兰素心多瓣奇花名品，莲瓣兰"五朵金花"之一。

历史：20世纪90年代初下山，下山地点说法有三：一说发现于金沙江支流渔泡江流域的幽谷峻岭；一说发现于云南省大理白族自治州祥云县；一说发现于云南省楚雄彝族自治州大姚县。

特征：宽叶，叶色碧绿，植株雄壮挺拔，刚柔相济。花梗高40~70厘米，每葶着花4~6朵，远

奇花素（杨开摄影）

观若群鹤飞舞。小花柄短化，花连花梗。花没有舌，鼻也变成小花，呈花中花状。花形奇异，如百合初绽。花白绿色泛黄。集素心、奇花、花中花于一身，花叶俱佳。

苍山奇蝶

品级：莲瓣兰蝴蝶瓣名品，莲瓣兰"五朵金花"之一。

历史：一说为1997年前后发现于滇西北横断山南麓；一说为1992

年秋采于云南省大理白族自治州云龙县海沧村，起初由赵树德栽培。1998年由石纯尧、石纯忠登录。

苍山奇蝶（杨开摄影）

特征：叶长30~50厘米，宽0.6~0.8厘米，叶槽较深，叶脉硬，叶斜立弯曲。每葶着花2~3朵。花仰天开放。外三瓣正常，主瓣大部分唇瓣化，白底起紫红斑块，色彩艳丽夺目。此花多变，即每一年、每一盆，甚至同一盆的不同兰株、同一葶上的不同花朵，其蝶的样子也不同，且年年变，呈多种唇瓣化形态。此花虽善变，但无论如何变化，总是唇瓣化奇花，只不过是"奇"和"蝶"的形态不同罢了。

剑阳蝶

品级：莲瓣兰外蝶名品，莲瓣兰"五朵金花"之一。

历史：1988年发现于云南海拔4247米的老君山剑川县一侧山地。吴应祥命名。1993年由李剑登录。

剑阳蝶（赵爱军摄影）

特征：新芽初出土时呈紫红色，上布稀疏紫红沙晕，叶尖呈紫红色半透明水晶状。叶长30~50厘米，宽0.6~1.0厘米。叶面脉纹较明显，叶片弓形弯曲，较厚硬，色浅绿。花梗高15~20厘米，每葶着花2~4朵。主瓣向前倾伸长，宽阔，下盖捧瓣；两副瓣明显下落，内侧1/2唇瓣化。舌反卷，布紫红色U形斑点，粉白底布红斑块，色彩对比强烈。

黄金海岸（领带花）

品级：莲瓣兰子母花名品，莲瓣兰"五朵金花"之一。

历史：产于滇西北澜沧江流域。因其小舌似领带，故称领带花，后由台湾江元天命名为黄金海岸。

特征：新芽微被紫红色沙晕。叶细，中立叶，单株叶片常5枚，叶长40~70厘米，宽0.5~0.7厘米，叶色浅绿，叶缘靠尾端略有锯齿，叶姿斜立或半垂。成株后

黄金海岸（杨开摄影）

叶尾易焦尖。假鳞茎椭圆形，根部粗壮。花梗高16~23厘米，每葶常着生3朵。两副瓣下落明显，披针形，向前端收尖，常向后翻转或扭转。捧瓣从基部起向两侧渐张开，基部阔，向前渐收狭。舌变化多样，在捧瓣间及舌下另生出若干大小、形态不一的小舌，上布不规则红点或红晕，色彩明丽。

金沙树菊（千手观音）

品级：莲瓣兰树形花名品。

历史：2004年中秋节前后，四川会理农民张平下山于金沙江畔的大山。

特征：中宽叶。花梗高，出架。每朵花基本分为6个层次：一层为3~4枚窄外瓣；二层亦然，外瓣增宽；三层亦然，外瓣增宽更明显；四层，似外瓣又似捧瓣，

金沙树菊（杨开摄影）

增宽，且中部出现了红色双条纹，具有唇瓣化或半唇瓣化的变异特征，瓣数也增多；五层最为奇特，出现了4~6枚硬捧，每个捧瓣上都具有明显的淡黄色块状花粉团，围成圈状，团团合抱着第六层的鼻。全花俏丽秀美，婀娜多姿。

点苍梅

品级：莲瓣兰梅瓣名品。

历史：产于云南省大理白族自治州点苍山，故名。

特征：单株叶片7~8枚，叶长48厘米左右，宽0.9~1厘米。花梗出架，每葶着花2~3朵。外三瓣紧边，收根放角。捧瓣厚实，起兜，合抱不开，呈半球形。刘海舌，形如圆月，舌面上缀有U形红点。花期长达2个月。

点苍梅（杨开摄影）

丽江星蝶

品级：莲瓣兰蕊蝶名品。

历史：一说1998年采于云南与西藏交界处的金沙江流域；一说1995年前后发现于丽江玉龙雪山海拔2800米处的冷杉林地带。

特征：单株叶片7枚左右，叶长25~30厘米，宽0.6~1厘米，叶姿弯垂。花梗较高，出架，每葶着花2~3朵。外三瓣为竹叶瓣，捧瓣唇瓣化，形成三舌状，花色艳丽。

丽江星蝶（刘刚摄影）

心心相印

品级：莲瓣兰色花名品。

历史：1997年（一说1998年）下山于云南保山怒江坝，曾被命名观音献宝或财神献宝。

特征：新芽圆润饱满，粉红，极似洋葱。中宽叶，叶姿飘逸，叶长30~50厘米，宽0.6~1厘米。每葶着花2~4朵，出架。外三瓣收根放角，荷形，大花。其最

心心相印（杨开摄影）

大特点为舌上醒目的心形红斑，极为绚丽夺目。

荡山荷

品级：莲瓣兰荷瓣名品。

历史：20世纪90年代中期下山于云南保山。

特征：新芽饱满，芽色紫红。叶长40~70厘米，宽1~1.4厘米，植株健壮，为典型的宽叶莲瓣兰。叶质厚实。叶面具有非常明显的脱水迹象，这是该品种区别于其他品种的最大特点，是荡山荷的防伪标志。花梗较矮，每葶着花2~3朵。花苞饱满浑圆，排铃时如子弹头状。外三瓣粉白底色，间有七八条青紫脉纹，收根

荡山荷（杨开摄影）

放角。大蚌壳捧，合抱严实，不开天窗，配以大圆舌，使得中宫极为紧凑。

荷之冠

品级：莲瓣兰荷瓣名品。

历史：1990年，赵伟林下山于云南保山。

特征：叶长30~50厘米，宽1~1.8厘米。植株伟岸，筋骨强健，叶片脱水感较重，叶面行龙，是典型荷瓣叶。每葶着花3~5朵。莲瓣兰荷瓣代表品种之一，外瓣收根放角，捧瓣合抱，大圆舌，中宫紧凑，雍容大度，花色、花形均稳定，花守极好。栽培容易，发苗率高，勤花。

荷之冠（杨开摄影）

锦上添花

品级：莲瓣兰子母花代表。

历史：2001年2月下山于滇西北三江并流区域，由黄德敏购入并命名。

特征：新芽粉白色。叶长30~45厘米，宽0.5~0.7厘米。叶斜立，叶尖略下垂。花苞白绿色。花梗粗长，出架。春节前后开放。初开时花形正常，后每朵大花鼻下逐渐长出小瓣小舌，并逐渐打开，蔚为壮观。本品与其他子母花最明显的区别之一是子房较大。

锦上添花（任国良摄影）

（五）建兰部分名品

建兰又称四季兰、夏蕙、秋兰、秋蕙、剑蕙、雄兰、骏河兰等。叶片2~6枚丛生，狭带形，叶面略带光泽，长20~65厘米，宽1~2厘米；叶直立刚健，薄革质，质地较硬；叶面平展，深绿色；叶柄痕较明显。根粗壮，长20~25厘米，直径0.6~0.9厘米。假鳞茎成丛集生，椭圆形，微纵扁。花期7~10月。花梗由假鳞茎基部鞘状叶内侧生出，呈圆柱形，直立，高25~40厘米，时有更高者，浅绿色或紫红色；每葶着花3~9朵，甚至更多。花中等大小，直径4.3~6.2厘米。花色变化较大，常呈黄绿色，有紫色、紫红色的脉纹和斑点。萼片和花瓣均为薄肉质。萼片披针形，平展，浅绿色，有3~5条脉纹；花瓣短于萼片，长椭圆披针形，前伸，略向内弯，互相靠近，微合抱于蕊柱之上，有紫红色的条斑；唇瓣不明显三裂，倒卵形，向下反卷。苞衣膜质半透明，基部不合生。

建兰主要分布于台湾、福建、浙江、安徽、江西、海南、广东、广西等地，有悠久的栽培历史，传统名品众多。

白雪冰心（刘志云栽培）

银边大贡

品级：建兰叶艺素心传统名品。

历史：产于福建，栽培历史悠久，古时作为朝廷贡品。

特征：单株叶片3~5枚。叶长28~45厘米，宽0.9~1.2厘米。叶主脉沟深，叶面平展，叶缘后卷。覆轮艺常不透叶基，大多仅达半叶。弧垂叶态，叶端部常微扭转。花梗较粗直，大大高于叶面，每葶着花7~9朵。花白色而泛红晕。外三瓣为竹叶形，有不明显的白边。捧瓣形同外三瓣，向前遮盖鼻。素舌后卷成钩状。

银边大贡（孙昆勇摄影）

宝岛仙女

品级：建兰蕊蝶名品。

历史：1975年发现于台湾。

特征：叶长20~30厘米，宽0.5~0.8厘米。花形端正，花大。外三瓣呈淡红色，基部色稍深，而先端带青绿。捧瓣唇瓣化，有红斑带，与稍带红斑带的舌形成三舌状，花色艳丽，美若仙女。

宝岛仙女（赵爱军摄影）

红一品

品级：建兰梅瓣名品。

历史：1993年下山于四川名山。

特征：新芽深绿色，带有均匀的紫红色筋纹。单株叶片3~4枚，叶长20~40厘米，宽1.8~2.6厘米。叶色深绿，叶片自叶长1/3处

红一品（胡钰摄影）

开始向外平伸。花梗高15~25厘米，棕红微带绿色，每葶着花4~5朵。外三瓣卵圆形，下部收狭明显，端圆，平肩，黄绿色，散生通顶达底的紫红色脉纹。捧瓣阔大，近椭圆形，平伸，与外三瓣近同色，中下部密生紫红色筋纹。舌圆阔，下挂，底色纯白，散生不规则的紫红色斑点。中宫佳，整体花形结构严谨。花直径3.7~4.3厘米。花色艳丽，形、色俱佳，神韵十足。

君荷

品级：建兰荷瓣名品。

历史：20世纪90年代初下山于四川名山。

特征：单株叶片2~4枚，叶长20~30厘米，宽1.1~1.3厘米，叶姿半垂。叶片色深质厚，叶尖圆钝。花期6~10月，1年花开2~3次。花梗浅绿色，高20~40厘米，每葶着花5~7朵。花色微红。外三瓣收根放角，浅黄色，两侧具有明显的紫红色沙点，向前端渐稀。捧瓣厚实，与外三瓣近同色。舌短小，舌面散生紫红色小斑点。

君荷

黄光登梅

品级：建兰梅瓣名品。

历史：1992年伍姓农妇于四川荣县山区采得，由李光登命名。

特征：单株叶片3~5枚，叶长30~40厘米，宽1.3厘米左右。叶硬挺斜立，蜡质感强，偏黄。叶尖较钝，叶鞘银红色。假鳞茎

黄光登梅（任国良摄影）

硕大。着花率高，一般每葶着花5朵，强壮时可达8朵。花苞出土时为银红色，布满沙晕，筋纹透尖、细长。外三瓣结圆、收根、紧边、内扣，有小尖，呈藕色偏黄。观音捧，如意舌，五瓣分窠，花守特好，至凋谢也不变形。与绿光登梅为姐妹花。

绿光登梅（胡钰摄影）

大唐宫粉

品级：建兰荷形素心名品。

历史：2001年初秋下山于广西容县林区，肖三发现。

特征：单株叶片3~5枚，叶长25~30厘米，宽1.3厘米左右。叶质肥厚，叶色浓绿，叶姿斜立。花梗出架，每葶着花5朵左右。外三瓣肉厚，细收根，平肩。蚌壳捧合抱，舌洁白。全花花色纯净，玉洁冰清。花守极佳。

大唐宫粉（王秉清栽培）

荷仙

品级：建兰水仙瓣名品。

历史：产于四川，2004年由王进命名。

特征：单株叶片4~6枚，叶长35~40厘米，宽1.5~2.0厘米，黄绿色，叶姿半垂。叶鞘绿色，带紫红色筋纹。叶面平展，叶缘

荷仙（杨开摄影）

无明显锯齿。花梗高22~34厘米，色微黄绿，每葶着花4~6朵。外三瓣平展，近椭圆形，端尖，紧边，起小兜，底色黄绿，基部布紫红色筋纹。捧瓣长椭圆形，内凹外隆，端圆，微内扣，起浅兜，颜色与外三瓣相近，布紫红色斑点。舌圆阔，边缘不整齐，微向内卷起小兜，紫红点排列较整齐。

青山玉泉

品级：建兰白色素心名品。

历史：1992年由香港张姓兰友选育，原名白秆素。

特征：中垂叶形，高脚垂尾，叶片修长。花梗淡绿，出架。内外瓣雪白，瓣尾镶浅绀爪，微落肩，极似金丝马尾。白舌黄苔，花色雪白，赏心悦目。

青山玉泉（赵爱军摄影）

（六）寒兰部分名品

寒兰叶片3~7枚丛生，带形，薄革质，深绿色，有或无光泽。叶长40~80厘米，宽0.9~3.5厘米，叶面平展，上部弯垂。中脉明显，向背面突出。叶柄痕明显。根较细，具分枝。假鳞茎成丛集生，长椭圆形或狭卵球形，包藏于叶基之内。花梗由假鳞茎基部鞘状叶内侧生出，长25~60厘米，直立，总状花序，每葶着花5~18朵。苞衣狭披针形，最下一枚长达4厘米，中部与上部的长1.5~2.6厘米。花朵较大，直径6~9厘米。花色多种多样，有黄绿、紫红、深紫等，通常具有杂色脉纹和斑点。萼片和花瓣均为薄肉质。萼片线状披针形，内弯或外翘，先端渐尖，下部边缘向背面反卷，长3~5厘米，宽0.4~0.7厘米，侧萼片等于或微长于中萼片。花瓣短于萼片，狭卵形或卵状披针形，长2~4厘米，宽0.5~1厘米，前伸覆于鼻之上。唇瓣近卵形，不明显三裂，长2~3厘米。两条平行褶片纵贯唇盘中央，接前裂片。鼻稍向前弯曲。寒兰花期因地区不同而有差异，通常集中在10~11月开花，但也有7月和1月开花者，甚至还有4~5月开花的，故近年来人们认为寒兰有春寒兰、夏寒兰、秋寒兰等之分。

寒兰金花（杨和平摄影）

寒兰主要分布于四川、云南、贵州、福建、浙江、安徽、江西、湖南、湖北、广东、广西、台湾等地。近些年选育了一些好品种。

一代寒骄

品级：寒兰色花名品。

历史：2006年，江西宜丰兰农王小春从下山草中选出，曹强购得并命名。

特征：叶微垂，细收根，叶长50厘米左右，宽1~1.2厘米。花梗高约40厘米，出架，每葶着花5~8朵。花色红润，瓣宽形正，浅兜捧，中宫佳。花期10~11月。

一代寒骄（杨和平栽培）

九岭梅蝶

品级：寒兰梅蝶名品。

历史：2006年下山于江西宜丰，由刘清涌命名，张广云栽培。

特征：单株叶片4~5枚。叶色深绿，基部细狭。叶柄环明显。叶渐尖，端部尖锐，有细小锯齿，叶面平展光滑。叶革质较柔软，叶姿半垂。叶长40~50厘米，宽1.5~2厘米。红花，抱秆朝天。

九岭梅蝶（张广云栽培）

外三瓣特短阔，瓣端起深兜，拱抱。两副瓣下增生肉质且唇瓣化，幅度超过一半。蝶斑鲜红艳丽。硬捧，鼻细小，小龙吞舌。集梅、蝶、色于一身。

一品红

品级：寒兰红舌名品。

历史：下山于江西，2006年杨和平、陈国平购得，杨际信命名。

特征：叶微垂，叶姿飘逸。叶长50厘米左右，宽1.2~1.4厘米。细梗出架，每葶着花6~10朵。青梗紫柄青花。花形端庄，瓣宽，平肩。大红舌，舌面起绒

一品红（杨和平栽培）

毛，镶白边，十分艳丽。不开天窗，花守好。花期10~11月。

至尊红颜

品级：寒兰色花名品。

历史：2005年在江西宜丰和平兰苑下山选育园中选出，由陈国平命名。

特征：鱼肚叶，叶长40厘米左右，宽1.2~1.5厘米，叶姿半斜立。花梗高40厘米，细梗出架，

至尊红颜（杨和平栽培）

每葶着花6~9朵。红柄红花。半硬捧，巧种。花期10~11月。

绿水仙

品级：寒兰水仙瓣名品。

历史：潘颂和于2007年从福建带花购得，并命名。

特征：株型高大魁伟，叶半弯垂，健壮植株叶长可达60厘米以上。外三瓣宽大，花色翠绿，软捧短阔起兜，不开天窗，形正色雅，是极难得的寒兰瓣形花珍品。花期11月上中旬。

绿水仙（潘颂和栽培）

（七）墨兰部分名品

墨兰又称报岁兰、拜岁兰。叶片3~5枚丛生，暗绿色，有光泽，上部向外披散。叶长60~90厘米，宽2~4.2厘米。根粗壮且长。假鳞茎椭圆形或卵球形，集生成丛。花梗从假鳞茎基部发出，通常高出叶面，直立，每葶着花7~20朵。花中等大小，直径4~5厘米，花色丰富，但多为紫褐色具深紫脉纹。花具香气。苞衣小，基部有蜜腺。萼片狭椭圆形至披针形，长2.5~3.5厘米，宽0.5~0.8厘米。花瓣比萼片短而宽，向前

双美人（刘振龙摄影）

伸展，覆于鼻之上。唇瓣卵形，三裂不明显，中裂片和侧裂片上具乳突状短柔毛，中裂片明显反卷。蕊柱长1.2~1.6厘米。花期9月至翌年3月。

墨兰主要分布在广东、海南、台湾、福建、云南、四川、贵州、广西等地，在我国有悠久的栽培历史。经过福建、广东、台湾等地兰花爱好者的精心选育，现已有非常多的精品和名品流传于世，尤其是台湾选育了大量叶艺品种。

闽南大梅

品级：墨兰梅瓣名品。

历史：1995年下山于福建南靖，刘振龙等命名。

特征：叶姿雄伟优美，叶呈弓形，叶色翠绿，富有光泽。叶长50~56厘米，宽2.5~3厘米。花梗紫红色，大出架，每葶着花6~16朵。主瓣尖端稍向内卷，副瓣拱抱，平肩，瓣质厚糯，花色紫红。捧瓣起兜，龙吞舌，块状红斑鲜艳。花大气，富有筋骨，清香四溢。

闽南大梅（刘振龙摄影）

南国水仙

品级：墨兰水仙瓣名品。

历史：产于广西，1993年由陈少敏引种栽培。

特征：单株叶片数少，多为2~3枚，壮时也达4枚。新芽白色，初发时瘦小。叶长60~70厘米，宽2.5~3厘米，叶姿较弯垂。

南国水仙（黄荣汉摄影）

花梗出架，花多，壮苗时每葶着花可达20余朵。花较大，平肩，中宫紧凑。花黄色带红筋，花瓣边缘有一圈金黄色覆轮，舌上有一大块红斑。

珠海渔女

品级：墨兰牡丹瓣名品。

历史：1990年春，周少东从福建下山实生苗中选得。吴应祥用珠海市的标志性石雕珠海渔女命名。

特征：叶色翠绿略偏黄，富有光泽。叶长50～60厘米，宽2.5～3厘米。叶的上部边缘带有锯齿，锯齿细微几不可察。花梗大出架，每葶着花5～10朵。花朵硕大，直径达4～5厘米。花开多瓣多舌奇花，色彩丰富。

珠海渔女（刘振龙摄影）

江山美人

品级：墨兰素舌红花名品。

历史：1995年下山于广西那坡具，由黄卫东选出。

特征：单株叶片4枚左右。植株高大，叶长60~70厘米，叶宽3.5~4厘米。叶质薄，叶色偏黄，带先明性粉斑扫尾艺，叶姿弯垂。花梗出架，花多，每葶着花10余朵。花红色，也会开成普通色彩。舌白中带黄，纯净。

江山美人（小黄摄影）

万代福

品级：墨兰叶艺名品。

历史：1972年下山于台湾花莲。

特征：叶面、叶背满布鲜明的银丝线，中立叶。叶片深绿，有光泽，质厚。中斑艺，艺向丰富。

万代福（刘振龙摄影）

大石门

品级：墨兰叶艺名品。

历史：1950年采自台湾桃园石门水库附近，当时已出黄缟艺，后由黄松东购得。经细心培养，次年春芽进化出白中斑缟艺。

特征：本品种之特色为叶肉厚、叶幅宽、中立叶，有威武雄壮之气势。叶面均有乳白色之缟

大石门

艺，绀帽子深藏而明显，并带中透艺，其色泽比叶缘深，强劲行龙。由于出艺先后不同，艺的变化各异。该品种变化至目前为止已有黄爪、白爪、白爪斑缟及冠艺等，艺色稳定。

达摩

品级：墨兰矮种、叶艺名品。

历史：达摩原产地在台湾花莲，1973年由陈国仕、陈国林兄弟收购，陈国林命名。在培养之初，陈氏苦于新品种无名称难以交易，适

逢当时陈氏在经营达摩（不倒翁）进口生意，见该品种叶片矮小、短壮、厚实，风吹不摇，水淋不动，犹如不倒翁——达摩，遂取名为达摩。

特征：叶片短壮、质厚而富有光泽，叶尾钝圆。下山之初只是一株不甚起眼之矮种实生苗，

达摩

隔代即出现绀爪艺（绿鸟嘴）。但同一母株并非每代皆出艺，有些仍为青叶品，而且已出艺之株下一代仍有可能恢复成青叶品；未出艺之株，下一代也有可能突变出艺。其叶艺变幻莫测，神出鬼没，层出不穷，令人叹为观止。

（八）兰花名品选育

1.下山兰的挑选

（1）看叶形：凡瓣形花，其叶形都有一定的特征，其基本规律如下。

①荷瓣。荷瓣的叶片多宽阔，呈鱼肚状半垂或斜立，叶尖钝圆，呈匙形向上微兜，叶质厚硬。叶鞘呈内扣状或甲尖呈白米粒状，或短圆抱紧叶基部，甲尖硬。符合的特征越多，出荷瓣的概率越高。

荷瓣的叶短阔，叶尖钝圆，呈匙形向上微兜，叶质厚硬（绿云，陆明祥摄影）

②梅瓣。梅瓣的叶片手感较厚硬，糯感强，有弹性。直立性较强

或呈弓形，看上去较劲挺。叶鞘硬且呈15°左右斜出，手摸有针刺感。叶鞘未枯时可以看到甲尖有白头，如小米粒大小，晶莹剔透，与行花的甲尖有很大区别。

③水仙瓣。古人云："兰叶铁线者，多出水仙。"所谓的铁线者，指叶脚细，叶沟深，叶质

梅瓣的叶鞘未枯时可以看到甲尖有白头

硬。如果叶梢圆而不尖者也易出水仙瓣。水仙瓣的叶片多是直立叶或斜立叶，叶质较软糯，手感弹性强，鱼肚形，叶边刺较粗，中心叶刺更明显。叶鞘较长，甲尖上同样可以看到白头。

④蝴蝶瓣。蝴蝶瓣的叶片弓形居多，叶片两边脉明显。叶缘锯齿不均匀。外蝶的叶鞘通常坚挺有力。一般叶尖会有白头。不少蕊蝶的叶片上会出现唇瓣化特征，多是植株的心叶尾部唇瓣化且缀红点，人们称之为叶蝶或蝶草。最佳者植株的心叶全部唇瓣化，甚至有3~5枚舌，并有香气。

水仙瓣的叶片多是直立叶或斜立叶（汪宇）

出叶蝶的兰花大多出蝴蝶瓣（中华双骄叶蝶，吴立方摄影）

（2）看芽色：兰花的叶芽与花有一定的相关性，通过对叶芽的观察可以寻找到一些花的特征。从总体上看，芽色以单纯没杂色（如绿白色、黄白色等）、芽色浓艳的为好，芽色杂乱的为劣；叶芽生长方式以叶芽从假鳞茎底部向下生长再钻出土面的为好，而叶芽从假鳞茎高处生长的为劣；叶芽形态以奇特、芽尖硬、有白头的为好，芽形正常、芽尖软、无白头的为劣。

叶芽刚出土，凡属绿花类和素心的芽尖都呈白绿色，赤绿壳或水银红壳类的芽尖都呈微红色，赤壳类的芽尖都呈红紫色。叶芽洁白，带粉红色筋纹的，可能开水红、粉红等娇色花；叶芽黄色，开叶时呈橙黄色，成株后逐渐转绿而带光斑的，多开鲜艳的红花；芽色为不规则异色相间的，常开复色花。

叶芽的白头特征对选苗很有帮助。只要叶芽未损，能看清芽尖，而芽尖有乳白色透明状物，那么出水仙瓣或梅瓣的概率较大。如芽尖的白头呈蜡质、色老，两边稍向下延伸，叶鞘特长外张，多开蝴蝶瓣；如芽尖的白头圆、内扣，稍长后可见叶鞘尖

绿花类和素心的芽尖都呈白绿色（品芳居摄影）

梅瓣的叶芽白头比较明显（天子梅，龚仁红摄影）

蝴蝶瓣的叶芽（珍蝶，杨积秀供照）

部和第1~2枚叶尖部紧边，可能出梅瓣、水仙瓣。绿芽带此物，一定出素梅、水仙瓣。

（3）看苞衣：看苞衣的色彩及苞衣上的筋、麻、沙晕、"彩"等。

①看色。苞衣有多种颜色，如绿、白、赤转绿、水银红、赤等。其中，以水银红壳、绿壳、赤转绿壳最易出名花。另外，苞衣有松紧、厚薄之分。从实践经验看，无论哪种颜色苞衣，都有好花出现。色泽鲜明，壳厚而硬，质糯，可能出上品花；如壳薄而软，称"烂衣"，很少有上品花出现。

紫麻壳（毛佩清摄影）

长梢壳（品芳居摄影）

苞衣有长短之分，即有长梢壳和短梢壳之分。如短梢壳中部的色彩浓而厚，锋尖有肉钩，苞尖又呈钝形，多数出荷形水仙。如绿筋绿壳、白筋绿壳，筋细麻纤，晶莹透亮，且通梢达顶，又沙晕与壳、筋、麻同样颜色者，往往出素心。

短梢壳（品芳居摄影）

兰家有话说 古人看壳经验可借鉴

苞衣上的筋、麻、沙晕等，可作为选择下山新花的依据之一。我国艺兰先辈们通过长期实践，总结了许多丰富经验（如《看壳各诀》），至今仍有一定参考价值，值得我们借鉴。

②看筋。筋有长短、疏密、粗细、凸凹之分，颜色也各不相同。筋细长透顶，软润，疏而不密且微有光泽者，常出瓣形花。筋粗透顶者，外三瓣必阔，且有荷瓣出现。如绿筋绿壳或绿筋白壳，筋纹条条通梢达顶，苞衣周身晶莹透亮，出素心的可能性大。梅瓣和水仙瓣的筋纹较细糯，中间还布满沙晕。蕙兰苞衣的腹部筋纹间布满沙晕，又有粒粒如圆珠般凸出物者，屡有梅瓣、水仙瓣出现，但苞衣色泽不能过分明亮。

荷瓣的花苞往往筋粗透顶（大富贵）

瓣形花的花苞上的筋大都细长透顶，疏而不密且微有光泽（杨积秀摄影）

素心的花苞大都晶莹剔透，绿筋绿壳或绿筋白壳（杨积秀摄影）

筋纹透顶、布满沙晕、具凸出物的解佩梅花苞（杨积秀摄影）

③看麻。麻粗细、长短不匀，排列比较紧密，俗称为麻络。如相互之间空阔稀疏，又布满异彩沙晕，往往出奇花或素心。麻由于颜色各异，可分为青麻、红麻、白麻、褐麻等。

④看沙晕。如苞衣有沙有晕，大多出梅瓣、水仙瓣。如苞衣上的沙如杏毛状密集一起，花苞逐渐抽长时，蕾顶部分又呈现浓绿色，绝大多数出梅形水仙。如沙晕柔和，颜色或白或绿，出素心居多。凡具有瓣形的名花，在其苞衣上除筋纹细糯、通梢达顶外，还必须有沙晕。

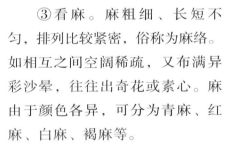

空阔稀疏，又布满异彩沙晕的绿云花苞

沙晕明显的宜春仙花苞（杨积秀摄影）

⑤看"彩"。选择新花，除了看其苞衣是否筋纹细糯、通梢达顶、有沙有晕外，还要看其有无"肉"、"彩"。所谓"肉"者，是指籈尖上或蕾尖上白米粒状物（类似叶芽上的白头）。所谓"彩"者，是指籈上镶有花瓣般的绿色。凡是兰蕙名种，苞衣都有一个共同特点，即由外至内一片比一片色彩鲜艳，苞衣的尖锋上都带绿彩，犹如翡翠的质感。花苞色泽油滑者或干涩者，一般不会出好花。

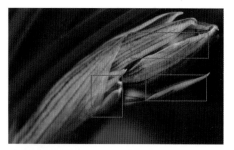

花苞上的"彩"（杨积秀摄影）

（4）看蕾形：春兰和蕙兰的蕾形有多种形式，常作为选兰的依据。

①春兰。古代兰家总结出9种可能出好花的蕾形。

莲子形：上下部近乎等粗，形似莲子。这种形式，外三瓣有肉，裹尖而重白头，边紧。大多开大舌梅瓣，外三瓣较圆正。如整个花苞都呈白色，色泽娇嫩，外三瓣放足后，容易伸长变皱。

花苞莲子形（品芳居摄影）

花生肉形：花苞似花生仁状，但前端小、中部大，且较长。如籈筋细糯，多开大铺舌、梅形水仙。白头、肉裹尖重者，开梅瓣者居多。

花苞花生肉形（陈海蛟摄影）

机梭形：花苞形似织布机梭。舒瓣后有紧边。如箨筋粗硬，大多开硬捧、尖舌水仙瓣或小如意舌梅瓣。

橄榄形：花苞形似橄榄，花苞两端钝尖，中部圆鼓。如箨筋细糯，开小舌水仙瓣者居多。

花苞机梭形

花苞橄榄形（陈海蛟摄影）

瓜锤形：花苞顶部平而下部敛小。箨筋稍硬者，大多开分头合背梅瓣，或开三瓣一鼻头之类。如筋细糯，且呈绿色，花苞下部宽大，舌必大，外三瓣亦宽。

圆灯壳形：花苞较长较圆。箨筋细糯，条条延伸达顶，这种形态大多开皱角梅瓣或软捧微皱水仙瓣。

花苞瓜锤形（陈海蛟摄影）

花苞圆灯壳形（毛佩清摄影）

花苞净瓶口形

花苞石榴口形（陈海蛟摄影）

净瓶口形：花苞稍长，外三瓣瓣尖顶收、口放。箨筋细糯，颜色娇艳者，大多开皱瓣水仙瓣。

石榴口形：花苞圆短，外三瓣瓣尖微向外翻。箨筋粗而挺直、筋色鲜艳者，必开武瓣水仙瓣。

龙眼形：花苞浑圆结实，无白头彩壳者，开短圆瓣。如外三瓣短，但无秀气，不算名贵。这种形式大多开荷瓣之类。

花苞龙眼形（陈海蛟摄影）

②蕙兰。古代兰家总结出五门八式蕾形可能开品。

一是巧种门。捧瓣白头或白边明显，捧兜较深者。

蜈蚣钳：外三瓣透出苞衣后，两副瓣像蜈蚣的腭牙呈弯钩状拱抱主瓣。这类花苞绽放后，多数为梅瓣。若五瓣分窠，软捧，开大舌梅瓣者居多，舌圆大而放宕；若分头合背，硬捧，开小舌梅瓣者居多，且舌硬。为上品中第一。

花苞蜈蚣钳（葛新星摄影）

大平切：花苞顶端如刀切平一样，切平面积较大，如蕙兰元字花苞。这一类花苞放花后多数为梅形水仙。外三瓣虽没蜈蚣钳的那么短圆，然而均五瓣分窠，舌大且多较圆。如分头合背，硬捧，往往开小舌梅瓣。这种蕾形在梅瓣、水仙瓣中都有，为上品中第二。

小平切：花苞顶端呈切平状，然而切平面积较小，如蕙兰荡字花苞。这种形式的花苞开水仙瓣者居多，外三瓣一般长脚圆头，捧瓣较软，舌放宕，为上品中第三。

二是皱角门。因外三瓣翘角而得名。

瓜子口：花苞形似西瓜籽，前端微开小口，如蕙兰丁小荷花苞。花朵绽放后，宽边文皱，花开水仙瓣者居多，开梅瓣者少，为上品中第四。

花苞大平切（陈海蛟摄影）

花苞小平切（葛新星摄影）

花苞瓜子口（陈海蛟摄影）

石榴头：花苞形似石榴，顶端反翘，如蕙兰老蜂巧花苞。花朵绽放后，外三瓣多数翘飘，多数为猫耳捧、方缺舌，此类出梅瓣、水仙瓣都有。此为上品中第五。

三是官种门，即捧瓣有不大明显的白边浅兜。

杏仁：花苞形似杏子的核仁，如蕙兰大陈字花苞。此类形式多开阔瓣水仙瓣。捧瓣软，有微白边浅兜，舌短圆，如春兰舌，苗生长弱时花近似普通花。这类属上品中第六。

四是瘫放门。花苞绽放不舒，花苞球结如块状而得名。

油灰块：含苞待放时，先见捧瓣，且形似僵结整体。外三瓣舒瓣时卷边皱角，不能平整舒展。凡属这种形式，以全合瓣居多，亦有分头合背者。如捧瓣与舌粘连成一块，即为三瓣一鼻头，是梅瓣、水仙瓣中最劣开品。

五是行花门。即普通花品。

尖头：花苞头尖，形似朝天辣椒。凡花苞锐尖、狭长，舒瓣后外三瓣都呈尖狭鸡爪状，为不具瓣形的普通花。但是，如花苞稍短，上搭深，有时也会有一般荷瓣出现。

花苞石榴头（陈海蛟摄影）

花苞杏仁（杨积秀摄影）

花苞瘫放门（葛新星摄影）

花苞油灰块（陈海蛟摄影）

花苞尖头（杨积秀摄影）

2.艺花的选育

　　所谓艺花，是指外三瓣或捧瓣上出艺的花，如缟花、中透花、覆轮花、散斑花等。

　　选艺花要从选叶艺入手。艺花与叶艺关系密切。一般而言，叶上出现的艺向与花上出现的艺向几乎相同。先明后暗的中透艺兰、缟艺兰可能开出艺花，但很多后明性的中透艺兰、缟艺兰开的却不是艺花。在先明性的叶艺兰中只有覆轮艺容易上花，中透艺不容易上花。因此选育艺花要从先明后暗的中透艺兰、缟艺兰中选择。

先明后暗的叶艺兰可以开出艺花（晶亮天堂，龚仁红栽培）

　　先明后暗的中透艺兰中，一般苗刚出土时叶艺的对比越强烈，其艺花的对比也越强烈。但艺不好或干脆看不到艺的叶艺兰开的花，却有两种情况：一种对比情况很差；另一种

对比强烈，并且不逊于苗刚出土时叶
艺对比情况好的花。

　　选育艺花时要看其是否具有
美感。具体而言，要"三看"：

　　一看颜色的对比情况好不
好。艺花的对比越强烈，越具有
视觉冲击力，观赏价值就越高。

　　二看艺带宽不宽。一般艺带
越宽，观赏价值越高。

　　三看瓣形好不好。艺花跟色花
一样，瓣形是它的生命，瓣形不好
看起来没有精神，就难入品。

在先明性的叶艺兰中只有覆轮艺会开出艺花

叶上看不到艺，却开出中透花（漳河月
色，朱丁武栽培）

瓣形尚可的素心水晶花（龚仁红摄影）

3.龙根苗的识别

　　（1）龙根苗的特征：龙根苗也叫实生苗，是指由兰花种子萌发而
长成的兰花苗。兰花种子萌发时先形成龙根。这种龙根不是兰花的真

正根，而是兰花的根状茎。龙根伸到土表面时，其顶端膨大形成小小的假鳞茎。假鳞茎向下生根，向上萌发生长出叶片，最终发育成幼苗。

姜状龙根

一般来说，条龙根的寿命2~3年，待小苗生长壮实，具有完全自养功能，假鳞茎初步形成后，其龙根会自行脱落，龙根也就不复存在。实生苗的龙根腐烂后好长一段时间内还会留下乳突状之物，龙根的痕迹依稀可辨。

龙根的生长方式有两种：一是单颗种子萌发的龙根，二是姜状龙根。姜状龙根的产生原因可能是兰花蒴果落地后许多种子同时密集萌发，纠集在一起，状似块茎。

（2）假龙根的特征：假龙根也叫竹节根，多出现在分生苗上，一般与特殊的生长环境有关。兰花假鳞茎是丛生在一起的，它们之间相连的地方有一段很短的地下茎。兰花假鳞茎在生长过程中，如生长受抑制（埋土过深或为大石块所压），会萌生一条比较长的竹节状地下茎，一直伸到适当的地方再形成新芽，生根长叶，并形成新的假鳞茎，这种竹节状的地下茎就是假龙根。假龙根缺少真龙根特有的乳突状物，而且多出现在生长健壮的兰苗上。

4.奇花稳定性的鉴别

（1）鼻善变会稳定：凡是性状稳定的奇花，其鼻一定是善变的。大体上可将鼻变形的奇花归纳为三大类，即无鼻奇花、多鼻奇花和鼻变态奇花。如：蕊蝶的鼻会变得细圆而略长，俗称线香鼻；上品的蝴蝶瓣，其鼻变形为厚硬的小圆舌；菊瓣的鼻消失后变成雄性化的细碎花瓣，牡丹瓣的鼻变成舌，而狮子形奇花的鼻增多。

（2）鼻足增多会稳定：花梗或花柄上鼻足增多，形似竹子，每个鼻足上会着生花瓣，形成节节有花、花中有花（树形花）之形态，这种奇花往往比较稳定。

（3）花朵瓣数是3的倍数会稳定：兰花是单子叶植物，其花朵瓣数均是3的倍数，这是它的特性。对称性、稳定性好的奇花，无论其花朵瓣数增加多少，往往是3的倍数。否则，虽然花奇，鼻变形，鼻足增多，也难以定格。奇而多变，人们称其为"多变奇花"。

以上3个条件都不具备的奇花，那是兰花中极不稳定的一时之奇，一般很难入品。

5.兰花引种注意事项

（1）严把品种关：根据自己的种养水平、莳养目的及经济条件，选择合适的品种。初学养兰者最好先引种低价易养的名品，如：春兰宋梅、绿英、集圆、贺神梅、汪字等，蕙兰端蕙梅、大一品、江南新极品、解佩梅等，春剑西蜀道光、银秆素、春剑大富贵等，莲瓣兰白雪公主、大雪素、心心相印、点苍梅、玉兔彩蝶等，建兰天鹅素、青山玉泉、市长红、富山奇蝶等，墨兰白墨、双美人、大勋等。待有一定栽培经验后，再选择价位高些的品种。

（2）严把品质关：好的开头等于成功的一半。在引种时须擦亮眼睛，本着质量第一的原则，将病兰拒之于门外。兰苗有壮苗、中苗、弱苗之分，价格相差较大。最好引进壮苗，这种苗虽价格高，但易种养，且发芽率高，易发壮苗。

（3）严把环境关：兰花引种必须考虑养兰环境，这一点对提高引种后的成功率很重要。最好从养兰环境差不多的兰友处引种，成功的概率要大一些。有些兰友引进的兰苗质量表面上看也不错，但引进种养后退草严重，一个很重要的原因就在于引种前后环境条件差别大，兰苗引进后"水土不服"。一般而言，引进自然条件下栽培的兰花最保险，成功率最高；慎引温室苗。

（4）严把来源关：为避免上当受骗，最好亲自到信誉好的兰园选购，这种兰苗虽价格较高，但货真价实，心里踏实。万一搞错了品种，也好调换。千万不要图便宜，向不知底细的流动兰贩购买，以免上当受骗。

环 境 篇

（一）兰花对环境条件的要求

1.温度

　　兰花绝大多数分布于热带和亚热带地区，只有极少数产于温带南部地区。从自然界兰花的地理分布情况看，兰花总体上是属于喜欢温暖气候的植物。但各类兰花原产地的自然环境特别是气温有较大差异。从总体上看，适宜兰花生长的温度为0~32℃。兰花既怕高温，又怕严寒。了解适宜兰花生长的气候大环境，对于做好兰花日常栽培管理大有好处。

　　兰花生长适宜的温度，在生长季节（即晚春至初秋）大致相似，一般为20~30℃（不同的种类和不同的发育阶段有所不同），夜间温度为16~22℃，昼夜温差最好在6℃左右。

　　在冬季兰花休眠期，不同种类的兰花所需的温度有很大的不同。原产于热带、亚热带南部的墨兰理想的温度，白天应保持16~18℃，夜间不低于10℃。原产于亚热带的建兰，白天应保持13℃左右，夜间不低于5℃。主要原产于亚热带中北部或热带高山的春兰、蕙兰、莲瓣兰、春剑、寒兰理想的温度，白

朵云春化到位，神采飞扬（张守伦摄影）

天应不高于10℃，夜间2~5℃（春
兰、蕙兰耐寒性强，夜间以0~3℃
为好）。兰花的耐寒程度（从强到
弱）依次为蕙兰、春兰、莲瓣兰、
春剑、寒兰、建兰、墨兰，蕙兰最
耐寒，墨兰最怕冷。蕙兰、春兰、
莲瓣兰、春剑、寒兰需要冬季的
低温春化，需要有3~5个月的休眠

大一品春化不充分，仅开了一朵花

期，尤其是蕙兰和春兰更需要0~10℃的低温春化（时间必须在1个月以
上），否则生长不好，难以开花或开品不好。春兰、蕙兰在广东南部、
海南、台湾等地之所以很难开花，其原因就是它们长期生活在冬季寒
冷的环境中，形成了春化的特性，而这些地区冬季气温太高。墨兰、
建兰怕冷，即使在江苏、湖北一带也难以露天种植，北方必须在温
室内栽培。

兰家有话说 北方封闭式阳台养兰促春化方法

　　北方楼房住户大多利用封闭式阳台养兰，而封闭式南阳台由于阳光
充足，冬季平均气温在12℃以上，白天甚至可达20℃，显然不利于兰花
春化。那么，北方封闭式阳台养兰如何让兰花得到充分春化呢？可采
取如下方法：

　　将有花苞的兰花放在封闭式北阳台莳养，营造适宜其春化的小环
境。具体方法：在封闭式北阳台增设植物生长灯，每天开灯3~5小
时，以增加光照量；将阳台推拉式玻璃窗关紧，如遇强寒流可将阳台
与室内相通的门打开，使室内暖气与阳台冷气交融，确保阳台气温不
低于-2℃，以防兰花遭受冻害。

　　在气温条件不理想的地区养兰，为确保兰花生长良好，免受严寒
酷暑危害，最好的方法是建造温室。温室大体可以分为三类，即热温
室、暖温室和凉温室。其调节后的温度也应分别与上面所说的热带、
亚热带和热带高山上原产地的气温相近。

兰家有话说　冬季兰花休眠期加温好不好？

　　兰花在冬季处于休眠期，营养生长基本停止。只要养兰场所温度不低于0℃，一般不要加温。人为加温会打破兰花的休眠期，总体上对其生长不利。尤其是春兰和蕙兰更不要加温，否则不易开花。如气温低于0℃，需要加温，那么温度一般也不要超过12℃。

2.光照

　　万物生长靠太阳。植物都是依靠阳光获得能量，即通过光合作用制造养分。兰花长期生长在山林之中，从总体上看是相对喜阴性的植物，但绝不是说兰花不喜欢阳光，兰花喜欢在散射光下生长，即喜欢"半阴"。长期以来，由于人们对兰花"喜阴"有片面的理解，在日常养护过程中总爱把它放在少见阳光的地方，从而造成兰花生长发育阶段光照不足，植株孱弱，很少生蕾开花。

　　兰花对阳光的需求因种类不同而不同。一般而言，春兰、寒兰、墨兰相对喜欢偏阴一些，蕙兰、建兰等相对更喜阳一些。因此，在养兰场所可以将蕙兰、建兰放在兰架的东面、南面和西面，使其接受更多的阳光；春兰、寒兰、墨兰则宜放在兰架的中央位置。同一种类的兰花因品种不同，对光照的需求也有差异。蕙兰中的赤蕙类更喜欢阳光；绿蕙类及蕙兰素心品种对光照的需求与赤蕙类相比少一些。春兰素心及荷瓣品种对阳光的需求比其他春兰品种少一些。因此，春兰素心及荷瓣品种宜放在兰室的最中央，让其少接受些阳光。

　　太阳光的照射强度一年四季差别很大，不同季节遮阴程度也应不同。夏季和初秋太阳光最强，兰花需要适当遮阴，以防被日光灼伤；冬季、春季和秋末，阳光比较柔和，兰花无须遮阴，可放心让兰花沐浴在阳光中，有利于生长和孕蕾开花。

　　兰花是否需要遮阴须根据养兰环境灵活掌握。由于居住条件不同，养兰环境差别很大，因此兰花是否需要遮阴不能一概而论，须具体问题具体分析。对封闭式阳台而言，由于其东、南、西三面大都有推拉式玻璃窗，而玻璃本身能滤去15%~35%的光照量，实际上等于给兰花遮了阴。在炎热的夏季，每天10时至16时太阳光最强，但此时太阳光直射，这个时段的南向封闭式阳台恰巧避开了强烈的太阳光，客观上等于给兰花遮了阴，而其他季节尽管阳台充满太阳光，但照到的都是太阳的斜射光，光照强度正适于兰花的生长。因此，利用南向封闭

封闭式阳台养兰一年四季无需遮阴

式阳台养兰一年四季是无须遮阴的。而对于非南向或开放式阳台、庭院养兰而言，由于兰花大都暴露在太阳光下，在夏季、初秋、晚春都必须适当遮阴。楼顶兰房和露天建筑的专业兰室，由于都是封闭式的，都有玻璃或阳光板制成的铝合金推拉窗或天棚，本身能滤去部分光照，除夏季、初秋需适当遮阴外，其他季节也无须遮阴。

兰家有话说　素心品种对光照有什么特殊要求？

　　同一种类的兰花也因品种的不同对光照的需求也有差别。实践证明，素心品种相比较而言对光照的需求要比彩心品种少一些。对莲瓣兰素心品种的花苞还要采取遮光措施，这样开出的花更洁白。

莲瓣兰素心品种花苞经遮光处理后开出的花更洁白（胡钰摄影）

3.空气湿度

　　兰花原产在云雾弥漫、空气清新湿润的山林幽谷。从兰花原产地的环境条件看，兰花的生长要有较高的空气湿度。空气湿度低，则兰

叶粗糙，无光泽；空气湿度适宜，则兰叶润洁而富光泽。那么，到底兰花需要怎样的空气湿度呢？兰花爱好者和植物学家通过长期实践和研究，发现适宜兰花生长的空气相对湿度为40%~65%。不同的季节，兰花对空气湿度的需求也有所不同。在高温多雨的生长季节，白天空气相对湿度最好为70%~80%，夜间因温度降低，空气湿度可提高到

养兰环境空气湿度稍高，有利于兰花生长

80%~90%。冬季和初春气温低，白天空气相对湿度最好为50%左右，夜间可提高到60%左右。

尽管兰花比较喜欢阴凉湿润的环境，但并不是说空气湿度越高越好。实践证明，空气湿度过高，那么兰花易得病。因此，在阴雨连绵的雨季，一旦空气湿度过高，应加强通风，及时打开门窗，启动风扇、抽风机等，使空气流通，以降低空气湿度。在一年四季中，干燥少雨的秋季和春季，养兰场所一般空气湿度不够，这对兰花生长极为不利，对此应采取地面洒水、加湿器喷雾、水缸贮水、托盘增湿、叶面洒水等措施，以提高空气湿度。

兰家有话说 阳台养兰空气湿度多少比较合适？

家庭养兰大多利用阳台养，除雨季外空气湿度一般偏低，故需采取多种措施提高空气湿度。实践证明，阳台空气相对湿度保持在40%~50%，完全能够满足兰花生长的需要。

4.通风

古代兰家在长期的养兰实践中积累了丰富的经验。其中，"养兰以面面通风为第一要义"，实在是养兰之精髓，需要我们很好地领会。

良好的通风，不断供给兰花清新的空气，可促进其新陈代谢，有利于减少病虫害。通风还可调节兰室温度和空气湿度。

（1）养兰场地要通风：野生兰花大都生长在微风轻拂、通风良好的茂林幽谷之中。人工栽培后，大天地变为小天地，需要我们努力营造适宜其生长的通风透气的小环境。不管是庭院养兰、阳台养兰，还是兰室养兰，最好都要将兰盆放在面面通风的兰架上，封闭式阳台或兰室要有可自由开关的推拉窗，最好还要安装换气扇。

兰盆宜放在面面通风的兰架上

（2）养兰植料要通气：养兰重在养根，根好兰花才会壮。兰花的根是肉质根，最怕长期积水，否则易导致烂根。因此，必须配制透气沥水的植料，以促进根部通风。

用颗粒植料有利于兰花根部通风

（3）养兰盆具要通风：兰盆的通风透气程度如何，直接关系兰花生长的好坏，因此必须慎重。一般而言，瓦盆通风透气性最好，紫砂盆次之，瓷盆、塑料盆较差。应根据植料情况和环境状况灵活选用兰盆。不管用何种兰盆养兰，盆底最好罩上透气疏水罩，周围添加砖块或其他比较粗大颗粒植料，创造兰盆底部良好的疏水透气条件，以确保兰盆底部通风透气。

瓦盆通风透气性最好

兰家有话说 阳台养兰通风越强越好吗？

通风很重要，但并不是说通风越强越好。兰花喜欢微风轻拂，忌强风吹。阳台养兰往往干热风太强，而干热风对兰花生长极为不利。

（二）家庭养兰环境的改造

家庭养兰不管是在阳台上养、楼顶平台上养，还是利用庭院养，其养兰环境都与兰花原产地的环境有较大的差异。良好的养兰场所必须具备向阳通风、干湿适中、整洁卫生三要素。因此，养兰者必须根据兰花的生长习性，因地制宜地对养兰场所进行适当改造，尽可能营造适合兰花生长的小环境。

1.阳台

现在绝大多数城镇居民居住在楼房中，一般都在阳台上养兰。阳台尽管式样众多，但无外乎两种，一种是用铝合金玻璃窗或塑钢玻璃窗围合起来的封闭式阳台；一种是外围设置栅栏的开放式阳台。为便于兰花日常管理，开放式阳台最好通过加装铝合金或塑钢玻璃窗，将其改造为封闭式阳台。

开放式阳台最好通过加装铝合金玻璃窗或塑钢玻璃窗改造为封闭式阳台（毛佩清摄影）

阳台养兰的优点是阳光充足、通风良好，缺点是空气湿度低、空间狭小，必须有针对性地进行改造。具体改造措施如下。

（1）设置兰架，拓展空间：阳台是日常晾晒衣服的重要场所，空间相对有限。为了节约空间和便于管理，必须设计制作专用兰架。兰架一般为长方形的双层框架结构，高130厘米左右，宽120厘米左右，长度根据阳台大小灵活掌握。底层高70厘米左右，第二层离地面130厘米左右。兰架一般由圆形钢管或方形不锈钢管焊接而成，每层都要设置隔板，以便于放置兰盆。隔板间距可根据兰盆大小确定，一般长为12~22厘米，隔板的宽最好为6~8厘米。

不锈钢双层兰架

（2）砖铺地面，制作水槽或购置加湿器：可采取以下3种方法，提高空气湿度。一是用多孔砖铺地。兰架底层下种植翠云草。二是制作固定式或活动式水槽。固定式水槽与兰架融为一体，一般用玻璃粘贴或不锈钢薄板焊接而成。水槽一般高10厘米左右，低端留有排污水管

用加湿器提高空气湿度

口。活动式水槽一般设计成抽提式，由镀锌薄板或不锈钢薄板制成。三是使用加湿器。有条件的养兰者可购置加湿器，它的加湿效果好。

2.楼顶

楼顶平台养兰，由于具有光照充足、通风良好、建造方便、节约室内空间等优点而备受兰花爱好者的喜爱。楼顶平台养兰环境的改造主要是通过建造兰室来实现。

楼顶平台兰室一般采用钢架或铝合金框架结构，坐北朝南，四周基础为砖墙；其四周设置多个铝合金或塑钢玻璃窗，顶部用阳光板

地面铺设砖块（毛佩清摄影）

搭建，并设置天窗和遮阳网。兰架一般高60～80厘米，呈长方形，用方形不锈钢管或圆形钢管焊接而成，架面设置宽窄不一的隔板，以方便放置兰盆。架面也可铺钢丝网，以便随意挪动兰盆。地面铺设砖块、沙子，以吸收浇水时漏下的水，也可提高空气湿度。

楼顶平台经此改造后，由于四周有推拉式玻璃窗，顶部设置天窗，阳光充足，保温抗热，空气对流好，一年四季一般无须采取防暑降温和加温防冻措施。为确保万无一失，有条件者可在楼顶兰室配备水帘、空调器、电热器等，以备出现极端天气时使用。

3.庭院

家庭养兰如有条件最好在庭院中养，这样兰花可得"地气"滋润，且庭院冬暖夏凉，最接近于兰花原产地环境，效果要比阳台养兰好。

庭院养兰宜选在院子的南向和东向，这样一方面能充分接受朝阳，又可避免夕阳暴晒。

养兰场所的南面、北面、西面如不靠墙，要适当栽植树木，以遮夏日骄阳。另外，还要注意养兰场所远离厨房烟囱，避免煤气和油烟对兰花的伤害。

庭院兰室基础部分为砖墙，高度一般为50～60厘米，其四周由可自由推拉的铝合金或塑钢玻璃窗组成。兰室西面、北面也可靠墙而建，这样既节约成本，又避免夕阳暴晒。兰室顶部用阳光板或钢化玻璃搭建，并设置大小合适的天窗，以便于空气对流。地面以粗砂或砖铺地，切不可图省事而采用水泥地面，否则不利于保持室内较高的空

庭院兰室（毛佩清摄影）

平台兰架（毛佩清摄影）

气湿度。兰架一般高40～60厘米，用方形不锈钢管或圆形钢管焊接而成，架面铺设钢丝网。也可用砖垒成平台作为兰架，还可以用水泥板搭建平台。庭院兰室最好配备空调器，在酷暑和严寒天气使用，以确保万无一失。

4.窗台

对于阳台偏小的养兰者而言，将窗台改造为兰室是一个不错的选择。窗台兰室一般利用向阳的客厅窗台，根据客厅窗台的铝合金或塑钢玻璃窗的长度和高度打造一个框架结构的铝合金玻璃壁挂式橱窗。其宽度一般为50～60厘米，下面用3～4个固定于墙壁上的钢质三脚架作支撑，贴近外墙的部分均用膨胀螺钉打入墙壁固定，并将原来的客厅铝合金玻璃窗内移至与内墙对齐，这样形成一个近半米宽的窗台，连同宽50～60厘米的铝合金玻璃壁挂式橱窗，构成一个宽1米左右、高2～2.5米的封闭式窗台兰室。

为增加摆放的兰盆数，可用方形不锈钢管焊接一个宽50～60厘米的平台框架，架面上铺铝扣板，两端用膨胀螺钉将不锈钢平台框架固定在窗台墙壁上，不锈钢平台离窗台60～70厘米，这样就建成了一个封闭式双层窗台兰室，可以放置50～60盆兰花。

窗台兰室

窗台兰室阳光充足，可通过开启推拉窗，形成自然空气对流，通风良好。其最大的缺点是空气湿度低，改良办法是：用不锈钢薄板制成水槽，或从市场上购买长方形塑料盆作为水槽，将带脚的兰盆放在水槽上，以提高空气湿度。

利用水槽提高空气湿度

上盆篇

（一）兰盆选择

1.兰盆种类

兰盆种类繁多，可谓五花八门。按兰盆质地划分主要有下列几种，养兰者可根据其特性和自己的养兰植料灵活选用。

（1）瓦盆：最常用、最普通的兰花用盆，是用一般黏土制坯烧制而成。在烧制时没有泡过水的为红色，质地松脆，用久了盆体表层时常剥蚀，牢固性较差；在烧制时泡过水的，盆体呈灰黑色，质地比红色的坚实。瓦盆的最大特点是透气性强，吸湿性强，排水良好，干湿易把握，最适于用兰花泥养兰者选用。其缺点是表面粗糙，不美观，不适于观赏，难登大雅之堂。

红瓦盆

（2）瓷盆：瓷盆由瓷土制坯烧制而成，质地细腻，色泽光亮，外观高雅大方。保水性最好，透气性极差，特别适于气候干燥地区用颗粒植料养兰者选用，适于展

黑瓦盆

瓷盆

釉盆（淡淡拍摄）

览短期使用和作装饰套盆之用。

（3）釉盆：这类盆是先由陶土制坯，再在盆面涂抹上彩釉烧制而成。其色泽光润，形式繁多，有贴花、半釉、彩绘、浮雕等。釉盆保水性较好，有一定的透气性，只要植料透气、沥水好，可广泛用于栽培各类兰花。

紫砂盆

（4）紫砂盆：由于质地不同，有紫砂、红砂、白砂、乌泥、铁砂和梨皮泥等之分。紫砂盆色泽典雅，古朴大方，坚实耐用，保水性、透气性都比较好，导热性差，适于配用各种植料，是使用广泛的兰盆。

（5）塑料盆：塑料盆有硬质和软质两种。其优点是耐腐蚀、轻便、价廉；缺点是透气、沥水性差，使用久了易老化。适于颗粒植料养兰者选用。

塑料盆

2.选盆注意事项

各类兰盆各有特点，相比较而言，用紫砂盆、瓦盆、釉盆养兰较

好。盆的形式，以喇叭形、高腰敞口圆形、锅底圆形、金钟形等较为适用。因兰花根为喜透气的肉质根，所以盆底排水孔宜大不宜小，其直径以3~5厘米为宜。盆底最好有盆脚。

至于选择多大的盆栽兰，须根据兰苗大小和兰花种类区别对待。切忌用人盆栽小苗和用小盆栽大苗。多株连体壮苗宜用大·些的盆栽种，小苗弱苗宜用小一些的盆栽种。

兰花种类不同，用盆也应有别。春兰根系比较细短，株型一般较矮小，可选用相对浅一些的喇叭形、圆形盆；蕙兰、建兰、寒兰根系发达粗长，株型较大，宜用高腰金钟形、深锅底圆形或高深多角形盆；墨兰植株高大，根系粗壮且密集，应以大号高深或圆阔之盆种植，而且宜大不宜小。总之，不管种什么种类的兰花，盆的大小应以兰株根系在盆内舒展自如并有一定余地为原则。

此外，除塑料盆外，其他各种兰盆在未使用前必须先放入清水中浸泡一段时间，待其吸足水分和消除火气后再使用。

兰家有话说　古代兰家说用盆

盆宜深不宜浅，深者根易舒展，虽干不尽涸，虽冰不到根，秋冬最称。若浅盆泥少，即春夏易于受病，故不取也。

——《兰蕙同心录》

（二）植料选配

1.植料种类

现代人使用的养兰植料虽种类繁多，但概括起来不外乎以下三大类。

（1）土料类：主要有兰花泥（山泥）、塘泥、竹根泥、泥炭土、

泥炭土

栗树叶

火烧土、松针土、香菇土等。其主要优点是养分充足、保湿、取材方便和价格便宜；缺点是容易板结积水，浇水后干湿度不易掌握。

风化石

（2）有机物类：这类植料主要有树皮、朽木、木屑、腐叶、花生壳、蛇木、草炭和椰糠等。其主要优点是保湿（除蛇木外）、透气，腐烂后可为兰花提供养分，有利于兰花生长；缺点是容易滋生虫，在腐烂过程中容易烧伤兰根。多数有机物最好经腐熟、消毒后使用，这样更保险。

混合植料

（3）硬植料类：这类植料主要有植金石、塘基石、火山浮石、仙土、珍珠岩、砖粒、风化石、陶粒等。其主要优点是透气性好，不板结，不积水，卫生洁净；缺点是大多保湿性差，易干燥，无养分或养分不全。若颗粒大小选择不当，则不利于兰根生长。

实践证明，以上所列植料只要种植得法都能养好兰花。各种植料都有其优缺点，十全十美的单一植料是没有的。最好的植料是混合植料，即将土料类、硬植料类和有机物类植料中的数种植料按一定比例

混合配制而成的植料。这种植料集3类养兰植料优点于一身，非常适合兰花的生长。总之，养兰植料的选配是栽培兰花的最基础性工作之一，从某种程度上讲"选好植料等于养兰成功一半"。在选择植料时要从实际出发，经过反复实践比较，选出适合自己养兰环境和养兰方式的植料。

2.常用养兰植料

（1）兰花泥：树叶腐烂后累积在山岩凹处的泥土。产兰区的林下腐殖土质量最好，黑褐色，具有松软、沥水、肥沃的特性，既渗水又含水。pH5.5～6.5。无论是山采的兰花泥，还是购买的兰花泥，都应过两遍筛，去除粉末和枯枝杂物，留下粒料。筛好后，放在太阳下暴晒，消毒后装袋备用。还有树叶处于半腐烂状态的，称腐叶土，疏水透气、养分丰富，也是植兰好材料。

（2）火烧土：由生杂草的表面土经火烧后留下的颗粒土。此植料已经高温燃烧，没有带病菌或害虫，但"火气"太大，应让雨淋或用清水浸泡过，以退掉"火气"。如贮存久了也需要灭菌消毒、清洗。现在四川等地采用机制方法造出大、中、小规格的圆形火烧土。这种植料更加清洁卫生，吸水性强，透气性好，无棱角，极有利于兰根的生长。

新昌兰花泥

（3）仙土：仙土主要产自四川，品牌很多。仙土含有兰花生长所需的各种营养元素，有机质丰富，pH5.8左右，不松散，有优良的透气性和保水保肥性，不板结。产品规格分大颗粒（直径16~30毫米），中颗粒（直径

仙土

11~15毫米）、小颗粒（直径6~10毫米）、细颗粒（直径2~5毫米）。仙土用前用清水浸泡1~2天，再冲洗1次。栽植时可配以颗粒黄沙、石骨子、植金石、蛇木等，效果更好。

（4）珍珠岩：清洁，吸水性强，保湿、透气性较佳。缺点是浇水时容易上浮。

珍珠岩

（5）松柏兰石（火山石）：分大、中、小三种规格。清洁，保湿，透气性好。使用时要筛去细粉末。缺点是养分少。

（6）塘基石：以高山矿土为原料经技术处理而制成的颗粒。分大、中、小三种规格。清洁，渗水性强，透气性较好。缺点是养分少。

砖粒

（7）砖粒：砖粒分青砖粒和红砖粒。将建筑工地或砖厂废弃的碎砖块回收加工，磨去棱角，过筛去粉尘，便制成了大小不等的砖粒。砖粒有微小的气孔，具有良好的吸水、保湿、透气功能，其最大的缺点就是太重。

兰家有话说 砖粒混合植料配方

砖粒既可单独作为养兰植料，也可与过筛后的兰花泥按1∶1的比例混合后用于养兰，此混合植料透气、沥水、养分全，效果良好。

（8）煤灰渣：煤球经高温燃烧后留下的颗粒状物。煤炭渣通透性能好，保水能力强，质地松，富含多种养分，可供兰花吸收利用。

使用前须经风吹日晒，自然"退火"，并经敲碎且筛去粉末后方可使用。

（9）植金石：由日本研发出来的高级兰花培养石。经过250℃高温杀菌，透气、排水、保湿性佳，是栽培兰花理想的植料，但价格较高。

植金石（毛佩清摄影）

（10）蛇木：桫椤的根，是无土栽培的上等植料。透水透气性能好，但保湿性差，埋在中下层有时易发霉。

（11）废菌料：食用菌培育后的废弃料。蘑菇土是用稻秆、牛粪沤制而成；香菇土是以杂木糠为主，掺有少量尿素、葡萄糖或白糖等物质制成。这些是培植兰花的良好植料。

蛇木

兰家有话说 用香菇土养兰好吗？

香菇土肥分适中，质地松软，不易板结，透水沥水，贮水保肥，植兰效果良好。

①所养兰花根部发达，根粗且雪白。

②所养兰苗苗壮，叶片肥厚，叶色浓绿光亮，发芽率高，盆面杂草少，发病率低。

此外，另有各种由多种植料或成分配制而成的商品植料，如华奕牌兰菌土、青城兰菌植料、一香牌神效营养土等。

3.混合植料配方

配方一：

植金石65%，仙土30%。此配方透气沥水，不容易积水，栽培效果好。注意选购优质仙土。在通风较好处栽培，最好选用保水性较好的盆或在盆面盖水苔保湿。

配方二：

蛴螬屎、颗粒植料（如河沙、风化石、砖粒等）、筛选的兰花泥各占1/3。蛴螬屎呈黑色，形如大米粒，体积比大米粒略小，遇水不化，透气沥水。蛴螬屎肥效高，一般不能单独用来栽培兰花，以免产生肥害。最好在使用前放在容器中加水蒸煮，一方面可起杀菌作用，另一方面蒸煮过滤后的水是一种液体肥料，可用于浇兰。 此配方最大好处是透气沥水、富含营养。其缺点是蛴螬屎不易收集。

蛴螬屎

蛴螬屎混合植料

配方三：

砖粒30%，"沙头"（建筑用的河沙过筛后剩下的砂粒，绿豆至黄豆大小）20%，香菇土30%，谷壳炭20%，另加占上述植料总量10%的骨炭。此配方的优点是疏松透气、富含养分、沥水保润，是一种适用于各种兰类的通用型配方。

配方四：

兰花泥或腐叶土30%，珍珠岩30%，塘基石或砖粒30%，椰糠10%。此配方适于栽植各类兰花，所养兰花株壮根佳。

配方五：

腐熟松树皮60%，珍珠岩20%，进口草炭20%。此配方适于栽植各类兰花，对兰花发根效果佳。

配方六：

新鲜木屑70%，粗河沙30%。新鲜木屑促根效果好。此配方仅适于较短时间栽植弱苗，不可长久使用。

配方七：

兰花泥30%，石骨子15%，蛇木20%，柳树皮（经蒸或煮，用自来水冲洗干净后使用）25%，砖粒10%。此配方适于栽培春兰。

配方八：

兰花泥30%，柳树皮（经蒸或煮，用自来水冲洗干净后使用）30%，粗河沙10%，砖粒30%。此配方适于栽培春剑。

配方九：

兰花泥30%，椰糠30%，蛇木20%，砖粒20%。此配方适于栽培建兰。

配方十：

腐叶土40%，青冈树皮20%，蛇木20%，砖粒20%。此配方适于栽培蕙兰。

配方十一：

栗树叶（成形腐叶）40%，兰花泥40%，砖粒20%。此配方适于栽培莲瓣兰。

配方十二：

椰糠30%，腐叶土30%，蛇木20%，砖粒20%。此配方适于栽培墨兰。

配方十三：

兰花泥40%，粗河沙20%，朽木颗粒20%，砖粒20%。此配方适于栽培寒兰。

配方十四：

腐叶土40%，颗粒植料（如砖粒、煤炭渣、塘基石等）60%。此配方取材方便，适于家养少量兰花。

（三）翻盆分株

兰花的翻盆分株是兰花栽培管理中至关重要的环节，其操作是否得当直接影响兰花以后的生长状况。

1.翻盆分株时间

兰花植株多，长满盆，或植株发生比较严重的病害、肥害时，都必须予以翻盆。

兰花的翻盆分株，只要避开酷暑和严冬，其他时间都可进行，尤以春分后立夏前或秋分后立冬前最为合适。

盆中兰根繁多，新根无法舒展时须翻盆

2.准备工作

（1）备好工具：给兰花翻盆分株是一项细致的工作，要准备充分。提前准备好必需的工具，如剪刀、刀片、消毒药品、筛子、喷壶、标签等。

部分工具

（2）备好兰盆：翻盆分株前要选好兰盆。盆的规格，应根据兰花种类及兰苗多少和长势而定。新烧制的兰盆要在水中浸泡1天以上；曾用过的旧盆要清洗干净，并用杀菌剂稀释液浸泡1小时以上，然后用清水冲洗干净。

浸盆消毒

（3）分前扣水：兰花在翻盆分株前，要适当扣水几日，即不浇水，使盆中植料干爽，以便于脱盆，避免弄折兰根。

（4）备好植料：颗粒植料，提前几天用水将植料浸透，使其充分吸收水分。浸泡植料最好用消毒水，同时起到对植料消毒杀菌的作用。消毒药物可用甲基硫菌灵、多菌灵、百菌清、高锰酸钾等。用兰花泥养兰，要提前1天将晾晒消毒后的兰花泥拌潮备用。拌潮后的兰花泥以手握成团，一碰即散（含水20%左右）为好。

颗粒植料要提前浸泡分类（毛佩清摄影）

晾晒消毒后的兰花泥拌潮备用（陈海蛟摄影）

3.操作规程

（1）轻拍兰盆，拔出兰丛：若用颗粒植料养兰，脱盆比较容易，只需将兰盆横放，轻拍兰盆使植料松动，然后倒置兰盆，用一手的两个指头夹住叶束基部，大拇指扣住盆边，另一手轻拍盆壁使植料进一步松动，便可将兰株从盆中脱出。若用兰花泥养兰，脱盆要麻烦一些。首先要将盆面翠云草带土铲下，放在一旁；然后把兰盆横放，用两指从兰盆底孔推动植料，再倒置兰盆，用一手两指夹住兰束基部，

兰盆横放，轻拍兰盆

倒置兰盆，托住泥土

托住泥土，用另一手掌轻轻地拍盆壁，使泥土与盆之间松动，即可将其脱盆。如兰根紧贴兰盆，难以脱盆，可用薄铲或竹片沿盆壁轻轻铲动，使兰根与盆壁逐渐分离，慢慢将兰株脱出；如仍无法脱盆，只好打破兰盆，以免损伤兰根。

倒出兰株

（2）拆除植料，冲洗兰苗：兰株脱盆后，要小心拆除兰根周围的植料。用颗粒植料栽培的，兰苗取出后如根部很清洁，可不冲洗；用混合植料栽培的，特别是用兰花泥栽培的兰根，植料不易剔除干净，可放到水龙头下洗净，以便于修剪根叶和分株。

冲洗兰苗

（3）晾兰根：冲洗后的兰根因吸收了一定水分，容易折断，此时不宜理根，更不宜分株。为便于操作，兰苗洗净后要放在阴凉通风处晾一下，最好倒挂，以避免叶心积水。待根发软发白后，方可理根、修剪、分株，否则会断根、掉根。晾兰根千万不能图省事，将其放在太阳光下暴晒，而应放在阴凉通风处。

（4）修剪根和叶片：对已晾过的兰苗要及时用消毒过的专用剪刀修剪根和叶片，剪除断根、黑根和已腐烂的空瘪根；如兰根

倒挂在阴凉通风处晾兰根

不多，可留下根心。同时要剪除枯萎叶、病斑叶以及没有叶片或腐朽的假鳞茎。

（5）找准"马路"，合理分株：分株前要用酒精消毒刀片、剪刀，或将其放在酒精灯上灼烧，双手也要用肥皂洗干净。对"马路"不明显的兰株进行分株时要谨慎小心，先仔细梳理修剪过的根系，观察假鳞茎的连接状况，弄清该从何处下手，然后再用刀片切割开或剪刀剪开即可。给兰花分株切忌图快省事，强行硬掰，否则容易把兰株从基部折断，分得支离破碎。对形成天然"马路"的兰丛进行分株比较容易，只需将"马路"连接处兰根理顺分开，用双手捏住两边假鳞茎，轻轻扭动，连接处就会自动分离。

（6）杀菌消毒：对修剪、分株后留下的切口要立即敷上杀菌剂粉末，一般用甲基硫菌灵、多菌灵、百菌清等敷伤口较好。稍后再用杀菌剂稀释液对分株兰苗

剪除断根、黑根和已腐烂的空瘪根

从"马路"处剪开

对修剪、分株留下的切口要立即敷上杀菌剂粉末

进行浸泡，一般浸泡15分钟左右，以消灭残留在兰株上的病菌。浸好后取出倒挂，适当晾干，至叶心无水、根系发软时方可栽种。

（7）铺设纱窗网，放置疏水罩：为防盆内植料浇水时流失，先用纱窗网遮盖住盆底排水孔，然后上面用蚌壳或碎瓦片覆盖，或者用疏水罩罩住排水孔。疏水罩大小须根据兰盆大小而定，大盆用大的疏水

盆底排水孔用纱窗网遮盖住

陶制疏水罩

塑料制疏水罩

填充粗植料，构筑疏水层

罩，小盆用小的疏水罩。疏水罩有陶制和塑料制两种，可以到市场购买成品，也可以用塑料饮料瓶自制。

（8）填充粗植料，构筑疏水层：疏水罩安置好后，在疏水罩四周添加吸水透气且不易碎的大颗粒木炭或植金石或砖粒等颗粒植料，构筑成疏水层，以确保盆底通风透气。

（9）放置兰株：疏水层构筑好后即可将已消毒并晾干的兰株放置盆中。安放兰株时，首先将理好的根置于疏水罩四周。然后将兰株调整在盆中央，注意要把老苗放在略偏于一旁的位置，以便给新苗留出发展空间。兰苗刚放进盆中时要略低一点，待填料

理顺兰根，安放兰株

加入植料

轻拍盆壁，确保兰根与植料紧密结合

时再慢慢往上提，这样既便于控制高度，又可使根和植料紧密结合。

（10）填上植料：兰株安放好后，左手扶苗，右手持铲将已混配好的植料从四周填入。注意不要将植料放入兰株叶片间，以免造成烂苗。植料填至接近假鳞茎时，左手持兰苗并轻轻提兰苗，右手摇动兰盆，轻拍盆壁，直至将假鳞茎提至齐盆口位置。

手提兰苗，舒展兰根

（11）修整盆面：用兰花泥养兰，为便于修整盆面和保湿，盆面宜用细一些的兰花泥；用颗粒植料养兰，由于植料透气性强，失水较快，为了确保盆中植料常"润"，以利于兰株生根发芽，更需要在盆面覆盖一层干净、卫生、透气的细植料。

修整盆面，用细植料保湿

兰家有话说　盆面常见形式

目前，养兰者常采用以下两种盆面。

馒头形：将盆面垒成弧形，形似馒头，目的是为了增强透气性。此盆面，兰花假鳞茎高于盆面2~3厘米。这种形式盆面，适于春兰、蕙兰，以及建兰的中小草。

平盆面：盆面土呈平坦状，适于栽植建兰、寒兰、墨兰等生长势强的兰花种类。

馒头形

平盆面

（12）撒施基肥：用颗粒植料养兰，由于植料所含养分很有限，需要适当用一点魔肥、好康多等缓释性颗粒肥料作为基肥，可将其撒施于盆面。用兰花泥等土料栽培，一般不用施基肥；如需使用，用量也要比用颗粒植料的少一些。

撒施基肥

（13）装饰盆面：为美化盆面和防止浇水时将盆面细植料冲出盆外，用传统方法养兰的大都在盆面上均匀铺上带泥的翠云草，然后再在上面撒上一层细泥，稍盖住翠云草基部。用颗粒植料养兰的宜在盆面覆盖一层薄薄的中颗粒植料。

盆面均匀铺上带泥的翠云草

撒上一层细泥，盖住翠云草基部

（14）浇定根水：所谓定根水，即栽兰后的第一次浇水。浇定根水不宜上完盆后马上就浇，而要缓一段时间后再浇，这样有利于兰花伤口愈合。一般来说，上午栽的晚上浇，下午栽的第二天早上浇比较合适。浇定根水也不可拖得太久，一定要适时浇，

浇透定根水

且要一次性浇透浇足。浇时顺便淋叶片，确保叶片清洁。

（15）插上标签：兰花养多了，单从叶形上看有时很难确认是什么品种。为避免搞错，可插上标签，用油性笔写上花名或代码。

（16）放置阴凉处：将兰盆放置通风阴凉处，1周后便可将其搬到兰架上，按正常养护方法管理即可。

插上标签，避免搞错

放置阴凉处养护1周

水肥篇

（一）浇水

兰花和其他植物一样，生长过程离不开水分。兰花叶片较厚，其肥大的假鳞茎和肉质根都能贮藏一定养分和水分，以备在干燥时应急之用。因此兰花不需要过多的水分。兰花最忌植料过干或过湿。如植料过干，假鳞茎干瘪，肉质根失水，势必影响其生长；如水分过多，植料因积水透气性差，容易引起烂根。于是人们发出了"养兰一点通，浇水三年功"的感叹。可见，浇水作为养兰的一项基本功，事关艺兰的成败，必须高度重视，需要我们在养兰实践中认真探索，找出行之有效的浇水方法。

1.浇水原则

浇水无定法，必须从实际出发，灵活掌握。总的原则是"不干不浇，浇则必透"。具体来说，要遵循以下4条原则。

（1）根据兰花种类不同灵活浇水：兰花种类不同，对水的需求也有差异。

野生墨兰多生长于山脚较阴处，土壤较湿润，又加上叶片宽长、垂软、角质层薄，日常浇水要稍勤一些。

野生蕙兰多生长于山顶疏林下，海拔高，光照充足，通风良好，土壤排水快，干得快，又加上其叶片角质层厚，因此与其他兰种相比，蕙兰更耐干旱，日常浇水无需过勤。

野生建兰多生长于朝南多雾的地方，或林沿坡地，或山顶疏林下。建兰喜温暖、潮湿的半阴环境，既耐干也稍耐湿，适应性很强。它的耐干耐湿性处于蕙兰和墨兰之间，对水分的需求多于蕙兰而少于墨兰。

野生春兰多生于半山腰阴处，喜阴湿，忌干燥，叶短狭而软，叶片角质层薄，对水分的需求略多于蕙兰。

野生寒兰多生长于海拔高、雾气重、遮阴良好、坡度陡且生长着阔叶林或混交林的半山腰。遇雨时大部分雨水顺坡而下流，使土壤既滋润而又不积水。其对水分的要求略多于蕙兰，植料以偏干为好，切忌积水，否则极易烂根，但空气湿度宜高些。

总之，兰花浇水应因兰花种类不同而区别对待。凡根系粗壮发达或叶片角质层厚、光泽度好的兰种，根系贮存的水分多而叶片水分蒸发量较少，一般浇水勿过勤；而对于根系不发达、细短或叶片角质层薄、叶质软的兰种，一般浇水要勤一些。

（2）根据兰花的生长季节和生长情况不同灵活浇水：一般而言，兰花生长期或孕蕾期应适当多浇水，休眠期应适当少浇水。在兰花发芽生长时，水分可以多些，新苗逐渐成熟时水分又应少些；花芽出现时稍微多浇些水，开花期间水分不宜过多，以延长花期和保证开品。花凋谢之后应让植料略干些，浇水适当减少。长势好的兰花对水分要求多，可适当多浇些水；长势不良的兰花对水分的需求相对较少，应少浇水。

（3）根据季节和天气的不同灵活浇水：夏季多浇，冬季少浇。晴天多浇，阴天少浇，雨天不浇。

（4）根据植料和兰盆的质地、大小的不同灵活浇水：植料的干湿程度是浇水的最直接依据。植料干时应多浇，植料湿时不浇。用颗粒植料养兰的，不管用什么质地的盆，浇水次数要多一些、勤一些；用兰花泥养兰的，不管用什么质地的盆，浇水次数要适当少一些。盆大株小的少浇水，盆小株大的多浇水。塑料盆、紫砂盆、瓷盆、釉盆保水性好，应少浇水；瓦盆透气性好、保水性差，应多浇些水。

兰家有话说 兰花二十四节令浇水要诀

①立春、雨水：春兰已着花，土不宜干，沿盆边微微润湿；秋兰如未干至底，则不浇。

②惊蛰：春兰盆干至半盆（上空下实）时，可以润水，唯不宜多；秋兰同前。

③春分：春兰已花谢，忌潮湿，盆半干时可以润水。

④清明、谷雨：盆土勿使过干，每5日润水1次。

⑤立夏：兰开始出房，宜浇透水1次。

⑥小满：盆土勿过干和过湿，叶上生斑即为过湿，新芽枯尖即为过干；每4日浇水1升，使盆土自下而上2/3湿润为宜。

⑦芒种：北京气燥，更宜注意勿过干过湿。

⑧夏至：盆土忌过干；若遇大雨，只能忍受1日，如遇连朝阴雨，须将盆移至通风处。

⑨小暑：此时空气过湿，不患干而患过湿，盆宜放于通风处；若燥热少雨，每2日浇水1升；大雨或大湿1次，必须俟干至盆土2/3，否则不宜再浇。

⑩大暑：盆土易一干到底，须注意每日只宜大雨或大湿1次。

⑪立秋：兰于此时正需水分，每3日须浇水2升，并宜稍微避风。

⑫处暑：每5日浇1次，除连朝淫雨外，可令其受雨露。

⑬白露：秋兰较春兰尤需勤浇水，但大湿之后必须大干，始可再浇。

⑭秋分：秋兰若已出花，浇水宜稍少；若未出花，浇水宜稍增加。

⑮寒露：秋兰宜浇透水，春兰则不宜透，宜润。

⑯霜降：兰宜入房，浇水时间改为日中，浇后须置日中暴晒1~2小时。

⑰立冬：只宜润水，每5日约半升。

⑱小雪：花房忌暖，不宜过湿，若过潮湿，可引起烂根、瘢叶以致枯萎；若盆土不干至底，只需稍润土皮。

⑲大雪：秋兰不需水，春兰宜微润。

⑳冬至：切不宜灌溉。

㉑小寒：切忌浇水。

㉒大寒：秋兰仍不需水，春兰可微润。

——于照《都门艺兰记》

2.兰花用水要求

　　给兰花浇水用什么水好？其标准是什么？这是养兰人普遍关心的问题。实践证明，兰花用水以pH5.2~6的软水最好。符合这一标准的最佳养兰用水是雨水和雪水。雨水，古人称之为天落水，是最好的养兰用水。野生兰花就是靠雨露的滋润苗壮成长的。但用雨水和雪水浇兰是不大可能的。最方便实用的浇兰用水就是自来水了。自来水只要水质不呈碱性是完全可以用于浇兰花的。只不过城市中的自来水通常用漂白粉来消毒，因此自来水最好在水池或水缸或水桶中贮存1天，待氯气挥发后使用。有的地区，水质较好，直接用自来水浇兰，也不会出什么问题。

　　至于用河水、井水浇兰，最好用前先检测其酸碱度是否合适。如检测结果为碱性，可用草酸、食用醋中和；反之，酸性过重，可用草木灰浸液或石灰水中和。

3.浇水时间

　　掌握浇水时间是一个很关键的技术，需要养兰人耐心观察和积累经验。兰花最佳的浇水时间是植料干而不燥的时段。一天中适宜的浇水时间，春秋两季宜在早晨，盛夏炎热季节应在日出之前和日落之后，初冬和早春可在日出当顶、气温稍高时，严冬季节必须在晴天中午前后。不管什么季节，浇水时最好水温与植料温度相近，这样可以避免因水温与植料温度差别过大而引起的病害。

兰家有话说　盆面栽植翠云草，啥时浇水早知道

　　兰花浇水时间的判断，是令养兰人头痛的问题。如盆面栽植翠云草，就可通过观察翠云草的变化情况来决定浇水的时间。这确实是一种简单易行的方法。

　　将翠云草栽植于兰花盆面，其作用除美化盆面外，更重要的作用在于

其生长状况可反映出兰盆植料的湿度和空气湿度状况。植料水分和周围空气湿度适中，即便盆面植料看起来已干，翠云草也生机勃勃；如盆内植料水分不足，空气湿度过低，则翠云草垂软无精神，这时就必须浇水，提高空气湿度。

盆面翠云草青翠欲滴，说明植料水分充足

兰家有话说　兰盆插牙签辨干湿

　　盆面看上去干了但下面也许还湿着，啥时该给兰花浇水确实不好判断。有一法可解决此难题。用一根木质小牙签插入盆内，1~2小时后拔出来观察：如牙签是湿的，就不用浇水；如牙签是干的，就要浇水。此法简便易行。

4.浇水方法

　　家养兰花浇水一般用淋水和浸盆两种方法。淋水宜用带有细孔喷头的水壶淋，这种壶喷出的水滴细小，喷洒均匀，不会溅起植料，但一定要多淋几遍，使植料完全湿润，切忌浇半截水。只要通风好，一年四季都可以淋水。

淋水（毛佩清摄影）

浸盆（陈海蛟摄影）

给兰花浇水浇得最充分的方法是浸盆法。所谓浸盆，就是把兰盆浸入水中，让水通过盆底排水孔，逐渐由下而上润湿植料。用此法浇水浇得最透，但兰苗如有病菌容易引起交叉感染。因此，用浸盆法浇水，前提是兰苗健康无病害，并且要勤换水。

兰家有话说　兰花淋雨注意事项

大自然中的兰花任凭雨露滋润，长势良好。人工栽培后，环境变了，看似简单的兰花淋雨问题也就因条件不同而变复杂了。

①空气质量好的地方宜淋，污染严重的地区应避之。对于空气质量好的地区，雨季可适当让兰花淋淋雨，雨露滋润兰苗壮；而对于空气污染严重的地方，酸雨偏多，水质差，让兰花淋雨极易导致各种病害发生，有百害而无一利，应坚决杜绝兰花淋雨。

②和风细雨宜淋，"太阳雨"、急风暴雨应避之。最适宜兰花淋雨的是持续时间较长的和风细雨。生长期兰花最怕高温季节的"太阳雨"和急风暴雨。所谓"太阳雨"，指的是夏季忽晴忽雨的短时间雷阵雨。这种雨来势迅猛，持续时间较短，往往热气积聚盆内未散发而烈日又当空，极易导致新苗抽心和兰根受蒸产生病变。遇到"太阳雨"，养兰人在雨后应及时给兰花灌水，使盆内暑气顿消，并加强通风，尽快吹干新苗叶心内的水分。

③健壮苗宜淋，病苗应避之。实践证明，病苗越淋雨病情越重，还是不淋雨为好。

（二）施肥

兰花与其他植物一样，需要多种营养元素。

1.主要营养元素的作用

（1）氮：氮是构成氨基酸、蛋白质、细胞的重要成分，也是构成根、叶、花的主要成分。氮太多时，细胞壁变薄，叶软，抗病虫害能力差；缺氮时叶色淡黄，兰株生长缓慢。

（2）磷：促进根系发达和繁殖器官的发育和形成，可促进兰苗形成花芽和叶芽。缺磷时兰芽生长慢，根长不好，不容易开花。

（3）钾：增加肥分的溶解性，并输送养分至兰株各器官的细胞，使兰株各器官充实成熟，提高抗旱、抗病害能力。缺钾时兰株叶片软伏，甚至生长受阻。

（4）钙：构成细胞壁必不可少的元素。钙可固定养分，促进根尖、芽尖生长。缺钙时花朵发育受阻，而且兰株生长不正常而呈扭曲状。

（5）镁：叶绿素的重要组成成分，参与光合作用。缺镁时老叶容易变黄，植株生长不旺盛。

（6）硫：兰株蛋白质的成分之一，具有防止兰株受损的作用。缺硫时根系发育受阻，从而影响正常生长。

（7）铁、锰、铜等：在植物中含量极微，直接影响兰花生长和开花等。缺乏这些元素时，容易出现生长不正常现象。

2.肥料种类

（1）有机肥：一般指的是农家肥，是一种全元素营养肥料，主要由农产品废料和动物粪便等有机物沤制而成。有机肥的特点是营养全面，肥效温和持久。由于存在不同程度的污染和难闻的臭气，现在较少使用。工厂化生产的商品有机肥，克服了这些缺陷，已为阳台养兰者广泛使用，但价格一般都较高。

（2）无机肥：无机肥指的是化肥。无机肥的特点是营养成分单一，一般仅含有1~2种营养元素，肥效迅速但不持久，常因浓度过高而造成肥害。

（3）微肥：植物体除需要大量氮、磷、钾等元素外，还需要极少量的硼、锌、锰、铜、铁、钼等元素，含有这些需要量极少的元素的肥料称为微肥。微肥一般采用叶面喷施方法。实际上，微量元素大部分能从有机肥中获取，造成微量元素缺乏的原因是过分依赖无机肥。

（4）菌肥：人工合成的生物制剂，如兰菌王、益兰菌等。喷施、浇施皆可。

（5）激素肥：这里所说的激素是指应用在兰花上的植物生长调节剂，多用于催芽促根。喷施、浇施均可，家庭养兰还是不使用为好。

兰家有话说　如何给兰花施硼肥？

硼是兰花生长所必需的重要微量元素之一。兰花缺硼主要表现在新芽部分，缺硼的兰花新苗畸形、皱缩、矮小，叶片变短变厚。叶脉间常有不规则褪绿，常见烧焦状斑点，常常被误认为是病毒病症状。兰花缺硼的另外一个重要特征就是不易起花苞，即使起了花苞也会因发育不良而枯萎。

常用的硼肥种类有硼砂（白色粉末状、半透明细结晶）、硼酸（白色细结晶或粉末）等。

用0.1%~0.25%的硼砂或硼酸溶液喷叶面，至叶片正反两面布满雾滴为止。在兰花生长期每10天左右喷施1次，连喷2~3次。喷施后6小时内不要喷叶面水。也可用0.03%的硼砂或硼酸溶液灌根，灌根后不要马上浇水。1年施1~2次，时间在春天发芽前后较好。

兰花需硼肥量非常少，不要过量施用硼肥，不然会适得其反，造成硼中毒。

3.施肥原则

兰花是比较喜欢淡肥的植物。兰花施肥最忌浓肥，施用浓肥是导致许多兰友养兰失败的原因之一。肥料以清淡为上，薄肥勤施。给兰花施肥不能搞一刀切，应区别对待，从实际情况出发，具体来说，应掌握以下原则。

（1）根据兰花种类施用肥料：兰花种类不同，需要的肥量也不同：蕙兰需要肥量最多，春兰需要肥量最少。其排列顺序从大到小依次是：蕙兰、墨兰、建兰、寒兰、春兰等。在施肥时应根据兰花的不同种类决定施肥量。

（2）根据植料施用肥料：用颗粒植料的，施肥应以有机肥为主，以弥补其养分不全之不足；用兰花泥的，可适当施用无机肥，以促兰苗快速生长。

（3）根据苗情使用肥料：壮苗应适当多施肥，弱苗、病苗应以清养为主，一般不施肥。

（4）根据季节和气温情况施用肥料：何时施肥要根据气温情况而定。气温在15~30℃时可以施肥。气温在15℃以下、30℃以上一般不能施肥。喷施或浇灌必须在当天气温最低时进行。

（5）根据生长期施用肥料：新芽生长期以氮肥为主，同时配以钾肥，效果更好。假鳞茎成熟期要逐渐增施钾肥。花芽形成期以磷肥为主，以促进开花。

4.施肥时间

给兰花施肥须选择晴朗天气的早晚施用。施肥前几天不要浇水，使植料适当偏干一些，更有利于兰根吸收。施肥时要环绕着盆沿浇灌，尽量避免灌入叶鞘或溅及叶面。在每次施肥后第二天早晨，必须补浇清水，以防肥料浓度不当而伤兰根。

具体而言，各季节对兰花施肥的技术要点是：每年清明前后，先对没有花苞的兰花施1次稀薄肥，间隔半月余，再浇1次。凡刚开过花的，要待10多天后方能施肥。在幼芽和新根萌发时期，需养分多，须适当施肥。进入梅雨期，新苗生长迅速，新根繁生，花芽孕育，可选晴天施肥一两次，间隔10多天。白露至秋分期间新苗日趋成熟，花苞已现，此时可最后追施1次稀薄肥。进入严寒冬季，兰花进入休眠期，一般不要施肥。

5.施肥方法

给兰株施肥的方法，主要有根系浇灌、叶面喷淋和植料添加基肥等3种。

（1）根系浇灌：即将肥料溶于水中，再将溶液浇灌于植料中，让

兰根吸收。

（2）叶面喷淋：即将肥液喷淋叶片正反两面，让叶片吸收。

（3）植料添加基肥：即上盆时将有机肥颗粒或缓释性化肥放置于植料中，通过平时浇水使其慢慢溶解，让兰根吸收。

兰家有话说　叶面施肥注意事项

叶面施肥要注意如下事项：

①选择适宜的叶面肥。根据兰花的生长发育及营养状况选择适宜的肥料，不可长期使用一种肥。常用于叶面喷施的叶面肥有花宝、兰菌王、多木、尿素、磷酸二氢钾、过磷酸钙、硫酸钾及微肥，可根据具体情况选择适当肥料。

②喷洒时间要适宜。叶面施肥应该在有微风天气的傍晚进行。在有露水的早晨喷肥，会降低溶液的浓度，影响施肥的效果。

③喷施浓度、方法要合适。一般叶面肥稀释成3000~5000倍液。叶面施肥要求雾滴细小，喷施均匀，特别注意喷洒叶片背面。

④叶面施肥次数应严格控制。冬季一般不施叶面肥。一般叶面施肥周期为10~15天1次。在喷施含植物生长调节剂的叶面肥时，更要有一定的间隔期，至少应在1周以上，以防止调控不当而造成危害。过量使用叶面肥或叶面肥浓度过高，都会造成肥害。肥害具体表现：先是叶尖出现黄、黑色，后以黄、黑混杂形式向下延伸。偶有从叶边开始出现症状的。

6.施肥注意事项

（1）多种肥料交替使用，切忌施用单一肥料：多种肥料轮流交替施用，可以保证养分更全面；长期施用单一肥料，易造成某些养分缺乏。

（2）肥料避免灌入叶心：喷施叶面肥和浇灌施肥时肥料如进入叶心和叶鞘内，容易发生烂苗现象，尤其是新苗更易受害。喷施叶面肥后在1小时内要让叶面干爽，避免阳光已照到兰株而叶面仍不干的情况发生；否则，新苗极易受害。

兰家有话说 "过水肥"杜绝肥害

所谓"过水肥",即先浇水,后施肥。具体做法是:施肥前先浇水,待5分钟左右兰根已吸水半饱后再施以淡肥。用此法施肥,兰根周围的肥分含量不会太高,因此不易造成肥害。此法虽可能造成肥料浪费,但对于新手而言是最保险的施肥方法。

7.部分常用商品肥料

(1)尿素:白色球状颗粒,含氮量大于或等于46%。容易吸湿,吸湿性介于硫酸铵与硝酸铵之间。尿素易溶于水,一般多用于追肥,可在兰花苗期使用,其浓度切忌过高。

(2)磷酸二氢钾:高磷高钾,外观为白色结晶。磷酸二氢钾易溶于水,水溶液呈酸性,有促花作用。主要作叶面肥,浓度不宜超过0.1%。

(3)花宝:美国产水溶性速效化学肥料。兰花常用的是1～5号。花宝1号,氮、磷、钾配比为7：6：19,提供兰花生长所需养分,光线不足之时尤具强健之效。花宝2号,氮、磷、钾配比为20：20：20,提供兰花幼苗成长至开花各阶段所需养分。花宝3号,氮、磷、钾配比为10：30：20,促使花芽形成,促进开花,并使花朵色泽更鲜艳。花宝4号,氮、磷、钾配比为25：5：20,促使芽与根增多,强健茎部。花宝5号,氮、磷、钾配比为30：10：10,促进幼苗快速成长,常用于春季兰花生长旺盛期。花宝可配成1000~2000倍液,用于喷施或浇施。7~10天施用1次。

(4)好康多:日本产颗粒型缓释长效肥,肥效180天,氮、磷、钾配比为14：12：14。肥效会受植料温度的影响。高温时,肥效持续时间较短;低温时,则较长。以基肥方式施用,1次可以施下全量,省时、省工。

好康多(彭长荣摄影)

（5）魔肥：美国生产的缓释长效肥。氮、磷、钾、镁配比为6：40：6：15。可在植料中随浇水缓慢地释放肥分，不容易造成肥害。一盆用量5克，直接放置使用。1~2年施用1次。

魔肥（彭长荣摄影）

（6）兰菌王：兰菌王是一种内含全价营养元素、天然内源激素、兰菌群的生物有机肥和生物补品。提供兰花生长发育所需的各种营养元素，不需另施其他肥料。使用时稀释500倍，将其澄清液作叶面喷雾，剩余部分作根外浇灌（或浸盆）。春秋季7~10天喷施1次，夏季10~15天喷施1次，冬季15~30天喷施1次。

兰菌王

（7）高萃有机系列兰肥：主要有以下4种。

高萃兰用天然营养素，这是一种养分全面的液肥，含有30多种矿物元素，为天然有机营养液。适用于兰花各个生长阶段，可促进兰花健壮生长。用300~500倍液喷施于兰花叶背叶面，并灌根。

高萃有机系列兰肥（彭长荣摄影）

高萃发芽灵，这是一种专门用于兰花促芽和补充养分的有机液肥，可促使兰花多发壮芽。用于补充养分，稀释1000倍；用于促发芽，稀释500倍。细雾喷施于兰花叶背叶面，并灌根。5~10天1次。

高萃前期王，用于兰花的芽期、旺长期，即花芽形成前的养分补充。这是一种氮含量较高的多元有机液体肥。稀释500倍后喷施于兰花叶背叶面，并灌根。

高萃有机钾，这是一种适合兰花生长发育后期的有机态液肥，以钾为主，氮、镁为辅。用1000~2000倍液喷施。

喜硕（彭长荣摄影）

（8）喜硕：澳大利亚生产的有机海藻液肥和土壤滋润剂，含80多种天然元素以及维生素B₁、维生素C、叶绿素、胡萝卜素等。养分均衡，可使兰花生长健壮。用6000倍液喷施。

8.传统自制有机肥料

自制有机肥，虽沤制方法繁琐，等待时间长，且肥料大多有秽臭味，污染环境，但养分全面，可以得到理想的效果。

（1）家禽粪：大都采集鸽粪和鸡粪，晒干后清除羽毛等杂物，以湿润的山泥等量拌和，然后置阴处。待其发酵后，敲细施用，适量放在盆周，让其慢慢溶化，供兰株吸收。

（2）羊肚草：即羊肚内未拉出的粪。收集羊肚草大都在春天，从屠宰作坊择取羊肚中的未经消化的残余草，贮藏于坛中，加水后用盖密封之。待到秋后，取出加水冲淡后施用。

（3）河蚌：剖开河蚌取其肉和水，一起放入坛中，加盖放阴处。半年以后，蚌肉已化为黄色液体，稀释10倍后浇灌于兰株四周。其优点是经半年沤制后无臭味，肥力足。

（4）鱼腥水：取鱼肠、鱼鳞、骨头等，混合放入坛中，1年后鱼的杂物大都分解，可取上面的清液，加水后浇施。鱼腥水的缺点是有臭味。贮藏时间越长，臭味越淡。

（5）豆饼、菜饼等：将碎块置水缸中沤制，待发酵后其液为黄色，取其液加水冲淡后使用，但其臭味难闻。

（6）骨粉：将牲畜骨头研制成粉末或者烧成骨炭，用时适当稀释，混入植料中使用。

养护篇

（一）兰花四季养护

1.春季养护

"一年之计在于春。"春季兰花管理是否得当，能否开好头，起好步，事关兰花开品的好坏，直接影响兰花全年的生长状况，必须认真对待。

（1）春寒料峭莫大意，晚间门窗及时关：立春之后，一般而言，一年之中最寒冷的季节宣告结束，气温逐渐回升。但天有不测风云，春季尤其是初春，冷空气活动仍较频繁，时有倒春寒发生，气温可能短时期仍很低，兰室保温防冻非常重要，切不可大意。养兰人须时刻留意天气变化，一旦强寒流侵袭，出现倒春寒，不管天气阴晴、白天还是晚上，都要及时关好兰室门窗，必要时采取升温措施（如北方寒冷地区），以防冻伤兰苗和花苞。

（2）去弱留强疏花苞，花开适时剪花梗：春回大地，气温上升。经过一个冬季的休眠，花苞开始加快生长。养兰人要根据兰株的壮弱，本着去弱留强的原则，及时疏去立冬后新起的花苞和后垄苗起的花苞。一般满盆春兰壮苗酌情留2~5个花苞，蕙兰留1~3个花苞即可。这样可使养分集中，有利于开品到位。花开后要适时拔掉花梗，如任其花开花落养分消耗过大。一般春兰花开半月应拔去花梗，蕙兰顶花开足1周应拔掉；否则不利于花后多发芽发壮芽，并影响来年开花。

（3）花梗拔高提湿度，花开时节土稍干：实践证明，兰花开花

开花时植料干些瓣形更端庄（贵妃醉酒，吴立方摄影）

奇花开花时植料湿些，花开得更为舒展（蒙顶奇珍，任国良摄影）

前后，空气湿度对花梗的生长和花品的好坏有直接影响。这期间要多措并举，如时常喷雾等，努力提高兰室空气湿度，以利于兰花花梗的拔高和花开得亮丽。较高的空气湿度非常有利于春兰花梗的拔高，特别是荷瓣春兰尤为明显。如空气湿度不够，春兰花梗往往仅略高于盆面，大大影响了其观赏性。值得注意的是，兰花花开时节虽喜欢较高的空气湿度，但植料一般要比平时略干一些。一般瓣形花放花时如植料过于湿润，开出的花容易出现落肩和外三瓣后倾现象，影响兰花开品。因此，花开前要控制浇水，使植料适当干爽一些，这样花开得更精神。但奇花恰恰相反，放花时植料宜湿些，方能充分展示其迷人的风采。

（4）晴朗天气勤通风，兰室消毒防病害：适当通风非常重要。春季气温回升，如天气晴朗，兰室温度超过10℃，就应适当开窗通风，否则兰苗受闷，容易发生病害。经过1个冬季的休眠，各种病菌和害虫随气温升高而逐渐活跃，养兰人应未雨绸缪，搞好病虫害的预防工作，适时对兰室和兰苗进行杀菌消毒，防患于未然。

（5）翻盆分株，促进生长：春季是兰花翻盆分株的最佳季节之一。如盆栽兰花满盆或植料两年以上未换，可利用春季进行翻盆分株。翻盆分株前要适当扣水，以便于兰株脱盆，避免弄伤兰根。兰苗上盆后

宜放在阴凉通风处莳养1周后再转入正常管理。实践证明，适当翻盆分株，有利于兰花生长；如长期不翻盆分株，兰苗往往越长越弱。

（6）扣水施肥，促发壮芽：兰花萌发新芽需要大量养分，必须及时施肥，补充养分。对未生花苞的盆兰，可在清明前后施1次薄肥，过半月余再施1次；对刚开过花的要过10天左右的休养生息期后再施肥。不管是对未开花的还是对已开过花的盆兰施肥，都宜在晴朗天气进行。施肥前要适当扣水，施肥效果更好。

兰家有话说　春季兰花开花后适当加温好吗？

　　春季兰花开花后伴随着气温的回升逐渐进入营养生长期。如有条件，这期间可适当加温，以促使兰花提早发芽。但加温须循序渐进，不能一下子把温度提得过高，一般白天温度不要超过25℃，否则不利于兰花的生长。

2.夏季养护

夏季是一年中的高温季节，经常会出现35℃左右的闷热天气。高温季节是盆栽兰花的多事之秋，日常管理稍有疏忽，就有可能造成意想不到的危害，养兰者必须谨慎做好管理工作。

（1）加强通风，防暑降温：高温闷热是兰花之大敌。因此，夏季养兰通风很重要。封闭式兰室一般都有可自由开关的铝合金玻璃窗，只要兰室内外有温差，便可利用玻璃窗开启的程度来控制空气对流情况，形成自然通风。如温差过小且无风，可启用换气扇、微型电扇等促使空气流通。如气温超过38℃，有条件的可采用水帘或空调器降温；条件有限的可经常向地面洒水降温，以防酷暑伤兰。

（2）因地制宜提湿度，过干过湿应避免：夏季气温高，晴朗天气水分蒸发快，空气湿度偏低，必须努力营造适宜兰花生长的小环境。一般可利用水槽提高空气湿度，水槽最好与兰架设置在一起，每层兰架都要设置水槽。水槽深度一般以20~30厘米为好，注满水，上面覆盖钢丝网，兰盆端坐其上，这样既可提高了空气湿度，又有一定的降温作用，一举两得。再配合地面喷水，晴天白天空气相对湿度可达40%左右，基本能满足兰花对空气湿度的要求。如条件许可，也可用加湿器提高空气湿度。但空气湿度并非越高越好。如遇连日阴天，兰室空气湿度过高，需及时开启换气扇、微型电扇等，以降低空气湿度。夏季浇水应根据兰盆和植料情况灵活掌握浇水时间和次数。一般夏季浇水以晚上和早上为好，浇水一般不要用浸盆法和淋水法，尽量少喷水，以免将水灌入叶心造成烂芽。夏季是兰花生长的旺季，要保证植料润而不

酷暑高温，可采用水帘或空调器降温(毛佩清摄影)

渍，可适当湿一些，有利于兰花新芽的发育生长，切忌植料过干。

（3）谨慎淋雨，积极预防狂风暴雨：夏季是多雨的季节，对于空气质量好的地区，雨季可适当让兰花淋雨；而对于空气污染严重的地方，应坚决杜绝兰花淋雨。夏季是台风和其他狂风暴雨天气多发季节，须积极应对。要加强对兰室的加固工作，随时留意天气预报。一旦有台风和其他狂风暴雨极端天气，应提前采取措施为兰花遮风挡雨，避免兰花受害。

（4）巧施兰肥，促进生长：初夏是兰花生长旺季，施用追肥很有必要，但须根据气温变化灵活掌握。初夏以施用追肥为主，以根施有机肥为好，且应薄肥勤施。因新芽新根十分脆弱，浓肥会伤芽伤根。施肥宜在傍晚进行，第二天早上须浇"还魂水"。亦可根外追肥，可施无机肥，以0.1%的尿素加0.1%的磷酸二氢钾混合液喷施。由于光照强，温度高，为防肥害，第二天早上应喷水洗叶。亦可喷施生物菌肥等，如促根生、兰菌王等。最好是有机肥、无机肥和生物菌肥交替施用，每周1次。夏至以后进入高温季节，禁止根施有机肥或无机肥，施肥以

喷施叶面肥为好。高温季节施肥应在傍晚进行，并要注意加强通风。

（5）预防为主勤消毒，未雨绸缪防兰病：高温季节也是兰花病虫害的多发季节，应本着"预防为主、防治结合"的原则，努力避免病虫害发生。平常做好兰室的清洁卫生工作，及时清除养兰场所中的各种污物，地面和兰架经常用石灰水杀菌消毒，此法经济实用且效果好。高温高湿，兰花易滋生介壳虫和蓟马，应及时用农药杀灭（建兰花苞长出前尤其注意预防蓟马）。茎腐病是夏季兰花的大敌，处理不当极易导致整盆兰花死亡。一旦发现此病，应立即翻盆，毫不犹豫地将病苗和相邻的外观看起来健康的一两苗剪除掉，好苗消毒后重栽，还有生还希望，决不能有侥幸心理，以免贻误治疗时机。

3.秋季养护

白露过后，我国的不少地方，尤其是长江以北地区，开始进入真正的秋季。白天最高气温一般低于30℃，晚上气温一般在20℃左右，非常适合兰花生长，兰花进入了一年中的又一个黄金季节。秋季降水少，空气湿度低，光照充足，温差较大。养兰者应根据秋季气候特点，积极应对，尤其要注意做好以下工作。

（1）提高湿度，适时浇水，谨防"菱壳燥"：正常年份，秋季降水明显减少，空气湿度随之降低，天气干燥。因此，秋季养兰首要的任务是提高空气湿度。可采取水槽增湿、地面喷水、加湿器加湿等措施，努力营造不低于40%的空气相对湿度。金秋时节，天高云淡，阳光明媚，水分蒸发量大，植料易从盆底燥起，形成"菱壳燥"，影响花苞的发育，危害兰根。对此，前人有"秋不干"的古训，很有道理。为避免"菱壳燥"的产生，养兰人须勤于观察植料干湿状况，适时浇透水，以保持植料润而不渍，切忌植料过干。

适时浇水，谨防"菱壳燥"

（2）增加光照，加大温差，促蕾壮苗：秋季艳阳高照，昼夜温差可达10℃左右，非常有利于兰苗的生长。兰友应抓住有利时机，尽量降低遮阴度，大胆地让兰花接受光照，特别是对满盆起发壮苗的更应如此。晚上应尽量将兰室玻璃窗打开，让兰室充分通风换气，最大限度加大昼夜温差。

（3）根据具体情况，适度施肥：进入9月份，一般兰花纷纷现蕾，新苗生长迅速，消耗了大量养分，此时适度施肥很有必要。不过，施肥不能搞一刀切，需要根据植料情况灵活把握，区别对待。用兰花泥且换盆不足1年的盆兰，一般无须施肥；用兰花泥且1年以上未换盆的盆兰或使用颗粒植料的盆兰，要施1次有机肥。秋季适时施肥，对来年兰花的发芽开花很有好处，要认真对待。

（4）注意通风，预防病虫害：秋季兰花生长迅速，也是多事之秋。这一季节如通风不好，盆兰受蒸易起黑斑，蓟马、红蜘蛛等害虫也常危害兰花。预防措施是加强通风，及时喷施保护性农药，最好用石灰水或杀菌杀虫农药对养兰场地进行一次彻底的消毒，防患于未然，以杜绝各种病虫害的发生。

（5）翻盆分株，区别对待：秋分过后，是一年中翻盆分株的最好时期之一。一般而言，栽培两年以上的植料养分大都耗尽，应翻盆；

兰家有话说　不要轻视"秋老虎"

立秋是二十四节气中的第十三个节气。立秋并不代表真正秋天的开始。根据气象学平均划分季节的标准，必须是5天的平均温度都在22℃以下才算是秋天。对于养兰人而言，立秋时节绝不可大意，要积极应对"秋老虎"。

常言道"秋老虎，毒于虎"，"秋后一伏热煞人"。立秋时节我国绝大部分地区还处于高温期，白天气温一般在32~35℃，高温闷热。因此，必须把通风、降温、防暑放在第一位。兰室气温一旦超过32℃，就应加强通风降温。养兰人须勤于观察植料干湿状况。发现植料偏干，应及时浇透水，保持植料润而不渍，切忌植料过干。

弱苗可适当延长翻盆时间，翻盆过勤反而不利于复壮。翻盆分株前植料宜略干，以免损伤兰根。分株及修剪根部留下的伤口须涂以杀菌农药粉末，以防伤口感染。清洗好的兰株切忌暴晒，应放在阴凉处晾干。对兰花的分株应从实际出发，顺其天性，区别对待。兰花是喜欢"群居"的植物，一般不能分株过勤和单植。但这并不是说盆栽兰花苗数越多越好，苗数过多也不利于兰花生长。

4.冬季养护

立冬过后，我国凡是四季分明的地区平均气温一般低于15℃，在自然环境中的兰花，由营养生长阶段转入生殖生长阶段。冬季各地气候差别大，气温悬殊，必须从实际出发积极应对，以避免兰花出现问题。

（1）做好兰室卫生工作，消毒杀菌：冬季气温明显下降，兰室内的病虫害也随着气温的降低大大减少。这期间养兰人往往忽视兰花病虫害的防治。其实，气温低只是暂时遏制了病虫害的发生，并没有根除病源，一旦温度、湿度适宜，它们便会卷土重来。正确的做法是：立冬之后，气温还没降至0℃前，选择晴朗天气对兰室进行一次彻底的卫生大扫除，清除兰室内的各种污物杂物，不留卫生死角，并对兰室和兰株进行一次全面的杀菌消毒。

（2）去除遮阴物，让兰花充分接受阳光：冬季阳光柔和，不管是阳台养兰、庭院养兰，还是兰室养兰，都应及时去除遮阴物，大胆地让兰花沐浴在阳光中。如养兰场所冬季阳光不足，还应用植物生长调节灯为兰花补充光照，否则将直接影响兰花的开花发芽。

（3）浇水宜少勿过勤，植料宜微潮：冬季气温低，水分蒸发慢，兰根吸水能力相对较弱，浇水宜少。此时如浇水过多，植料过湿，兰花极易烂根。古人总结的"冬不湿"的兰训，值得我们借鉴。冬季兰花浇水宜在中午气温回升时，这样可使水温与植料温度相近。如用传统方法养兰，宜沿盆边浇水，这样可使植料慢慢湿润，更有利于兰根的吸水。

（4）现蕾兰花温度不能高，充分春化少不了：自然界中的兰花冬季大都生长在0~10℃的环境中，花苞缓慢发育，为来年应时开花积聚能量。在长期的进化过程中，兰花（特别是春蕙兰）形成了只有经过冬季的低温春化作用，花苞才能应时怒放的特性。因此，北方室内有暖气地区，或在可控温兰室养兰者，冬季不可将气温调过高，要让兰花充分春化1个月以上（一般白天温度不能超过10℃，晚上温度不低于0℃）。否则，事与愿违，兰花往往僵蕾不放花，即使开花，开品也大打折扣。

（5）兰花谨防受蒸热，晴朗天气须通风：冬季养兰虽早晚气温不高，但晴朗天气时向阳封闭式兰室气温有时可达20℃左右，如通风不好，此时兰花受蒸热，叶面易生斑点。因此，冬季晴朗天气气温如超过10℃，必须适当开窗通风透气，尤其是11时至15时这段时间更应注意。

（6）创造条件，促无花苞兰花生长：向阳封闭式兰室，冬季阳光灿烂，最高气温可达20℃左右，最低气温在5℃左右，昼夜温差大，非常有利于兰花将白天光合作用制造的营养贮藏起来，减少呼吸作用消耗的养分，最大限度地促进兰花生长。对于未现蕾的兰花，养兰人应抓住时机，努力营造小环境，促其苗壮生长。实践证明，冬季封闭式兰室只要营造不低于40%的空气相对湿度，适度通风，就能促使秋芽健康成长。如措施得当，完全可以创造在封闭式兰室养兰环境下一年长成两批壮苗的好成绩。

（二）各类兰花养护

1.春兰养护

（1）冬季宜充分春化，避免"借春开"：春兰的休眠期长达近半年，在其生殖生长期间白天气温一般不要高于15℃；如气温偏高，往往会出现僵蕾或"借春开"现象（花梗矮，花开乏力无神，开品大打折扣），影响观赏。因此，春兰在冬季，尤其是在大雪到大寒这段时间，晴朗天气要采取适当开窗通风等措施，努力使兰室温度在0~10℃，时间不少于1个月。

充分春化的集圆开品（桑德强摄影）

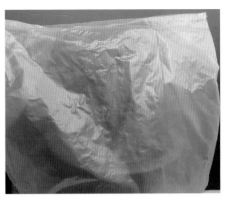

兰株套袋可提高小环境空气湿度，有利于花梗拔高

（2）放花期间空气湿度要高：从总体上看，春兰花梗偏矮，大多低于叶面，开花时节空气湿度如调控不好，花朵往往伏于盆面，影响其观赏性。实践证明，春兰在放花期间较高的空气湿度有利于花梗的拔高。因此，春兰放花期间，可采取加湿器加湿、盆面喷水、地面喷水、水槽增湿、兰株套袋等多种措施提高空气湿度，对春兰荷瓣更应如此。

开花时较高的空气湿度有利于花梗拔高（海晨梅，吴立方摄影）

（3）夏秋适当遮阴：野生春兰多生于半山腰阴凉处，具有喜阴湿、怕干燥的特性，平时宜适当遮阴，尤其是夏秋季节。此外，生长期空气相对湿度最好不低于40%。

（4）施淡肥，忌浓肥：春兰由于植株偏小，大多一葶一花，相比较而言，在同等条件下对肥料的需求要比其他兰花种类少一些。用兰花泥或混合植料养春兰，第一年一般不用施肥；用颗粒植料养春兰，施肥量也要比其他兰花种类少一些。切忌施浓肥，否则易造成烧根倒苗。

兰家有话说　养分齐全的植料是春兰花梗拔高的基础

春兰的孕蕾开花要消耗一定的养分，养分不足是不可能开出好花的。因此，养兰植料是否养分齐全对春兰花梗能否拔高有直接影响。在配制植料时应本着统筹兼顾的原则，努力在透气、沥水、养分齐全上下工夫。实践证明，植料的配制最好是传统与现代相结合，即将过筛兰花泥与颗粒植料混合养兰效果最好，这样可优势互补，养分齐全，为春兰花梗拔高开花，提供充足的养分。

肥足苗壮，花开到位（环球荷鼎，品芳居摄影）

2.蕙兰养护

（1）养蕙兰环境要通风透气，阳光充足：大自然中的蕙兰多生长在海拔较高、阳光充足、通风良好的山南坡或东南坡，是最耐光照的兰花种类。因此，养蕙兰可相对粗放一些。在光照方面，如是利用南向封闭式阳台养兰，在炎热的夏季，阳光照不到，而其他季节尽管阳台充满阳光，但都是太阳的斜射光，且玻璃减弱了阳光强度，因此光照强度正适合蕙兰的生长，一年四季无须遮阴，可放心让兰花沐浴在阳光中。如采用开放式阳台养兰，在夏季、初秋、晚春必须适当遮阴。

（2）植料要透气沥水，富含养分：蕙兰叶多花多，假鳞茎小，比其他兰花种类更需要养分，因此植料富含养分很重要。养蕙兰最好的植料是混合植料。所谓混合植料，是指将土料类、硬植料类和有机物类植料中的数种植料按一定比例混合配制成的养兰植料。这种植料集3类养兰植料优点于一身，透气沥水、养分丰富，种出的兰花芽多苗壮，平均发芽率达100%以上，最高发芽率达200%，一般叶芽当年都能长成壮苗。

（3）大盆栽植，浇水莫过多：蕙兰根系发达，吸水能力强，盆要适当大一些，兰盆大小以根系能舒展自如为宜。浇水要根据植料情况，本着"见干见湿"的原则，灵活掌握。与春兰相比，浇水次数要适当少一些。在空气污染不严重的地方，雨天可让蕙兰多淋雨露，这样蕙兰长得更苗壮。

（4）充分春化，昼夜温差要大：蕙兰比较耐寒。野生蕙兰生

蕙兰宜大盆栽植（大一品，吴立方摄影）

长地海拔较高，昼夜温差大，冬季气温较低。实践证明，蕙兰只有经过充分春化，花苞才能充分发育，来年开品才到位。在封闭式阳台养蕙兰，冬天晴朗天气白天须适当开窗通风换气，温度控制在0～10℃，这样既解决了春化问题，又锻炼了兰苗，确保来年春末夏初应时开花，开品到位。

（5）忌分株过勤：蕙兰假鳞茎小，贮藏养分少，与春兰相比，更不宜勤分，除有自然"马路"、根系良好的大苗外，一般不能单株种养；否则事与愿违，即使单株栽培成活，也往往发出的苗弱小，得不偿失，兰友应慎为之。

3.春剑养护

（1）营造湿润半阴环境，忌空气干燥：春剑大多生于海拔800～2500米的高山谷地常绿阔叶林中，由于峡谷中的光照时间不长，又加上常绿阔叶林的遮掩，只有短时间的散射光照，土壤、空气都较湿润，因而形成了喜湿润、忌干燥，喜散阳、忌烈日的生长习性。

春剑对空气相对湿度的要求为55%~70%，冬季休眠期空气相对湿度一般不要低于50%，生长期空气相对湿度最好保持在70%左右。适合春剑生长的光照条件是半阴，但冬季可让其接受光照。

环境条件良好，养出的春剑苗壮花繁(五彩麒麟，胡钰摄影)

（2）温度管理要到位，忌高温：春剑原产地海拔较高，有比较强的耐寒能力，在长江流域可露天栽培，但怕高温。适宜春剑生长的温度为18~28℃，以夏天不超过38℃、冬天不低于-2℃为宜。生长期气温宜调控在28~30℃，昼夜要有6℃左右的温差。夏季气温如超过35℃，必须采取降温措施。春剑在冬季休眠期，与春兰一样，需要有1个月以上的0~10℃的低温春化阶段，方能正常开花。冬季气温如过高，往往导致营养生长旺盛而抑制生殖生长，造成花朵萎缩和凋谢。

（3）做好通风工作，忌闷热：养春剑更要注意通风。不管是庭院养兰、屋顶平台养兰，还是阳台养兰，都要设置可自由开启的对流窗，并要使兰架与窗台持平，兰盆坐架后宜略高于窗口，以保证兰株周围空气畅通。每逢高温闷热天气，还应及时开启换气扇、微风扇等加强通风，确保空气流通良好。

（4）分株要适度，忌单植：春剑因假鳞茎较小，假鳞茎集生成丛，一般不宜单株繁殖，否则不易成活。分株最少要2株为一体。

（5）注意预防炭疽病：春剑对炭疽病抵抗力很弱，夏、秋两季应特别注意积极预防。可用50%咪鲜胺锰盐可湿性粉剂1000~1500倍液或50%多菌灵可湿性粉剂800~1000倍液防治。该病10~11月病斑蔓延，严重的可使整株整盆死去。所以应在发病初期，及时剪去病叶，并对病兰实行隔离，以防感染别的兰株。

4.莲瓣兰养护

（1）用腐叶栽培：自然界中的莲瓣兰大多生长在栗树较多的腐殖土丰富的半山坡上，因此，长期以来云南地区养莲瓣兰都是选用半腐过的栗树叶作主要植料（占植料60％以上）。实践证明，外地引种栽培莲瓣兰，首要的工作是要选好植料，最好用腐叶栽培。

栽植莲瓣兰宜用腐叶

（2）注意防暑降温：由于莲瓣兰生长在热带与亚热带交会处的混交林中，林下又有灌木群及地被层，平时遮阴度较高。相对其他兰花种类而言，莲瓣兰喜凉爽气候，不耐高温。栽培莲瓣兰，夏季做好防暑降温工作很重要。如出现30℃以上高温天气，应及时采取加大遮阴度、增强通风、开启水帘和空调器等措施降温，确保其安全度夏。

（3）空气湿度要高：莲瓣兰对空气湿度要求比其他兰花种类要高，生长期空气相对湿度最好保持在70％左右，冬季休眠期空气相对湿度一般不要低于50％。莲瓣兰需要比较好的通风环境条件，因此要特别注意处理好通风与空气湿度这一对矛盾，既要创造条件提高空气湿度，也要加强环境的通风。

（4）浇水宜用浸盆法：栽植莲瓣兰由于用腐叶，干了后用淋水法一般不易浇透，因此大都采用浸盆与叶面喷洒相结合的方法浇水。具体方法是待腐叶干透时把盆体置于水中，水面比盆沿低3~4厘米，浸泡2~4小时即可。平时每隔3~4天喷水1次，以叶面刚好被水淋湿为好，注意不要把水淋进叶芽。

（5）素心品种花苞须采取遮光措施：莲瓣兰素心品种以冰清玉洁

而著名。如日常养护不当，其花外三瓣也会出现绿筋，影响其观赏价值。怎样才能使莲瓣兰素心品种开出清雅洁白的花呢？可采取以下办法：每年9~10月份出花苞时加1次植料，然后用水苔或腐叶盖住花苞，使花苞避光生长，直到花梗冒出叶面才取掉水苔或腐叶。这个时候开出的花，素色已经稳定，秆白瓣白丝纹白，其风采达到"冰肌玉骨"的境地，令人赏心悦目。

莲瓣兰素心品种不采用花苞遮光法，其花瓣多为绿色（毛佩清摄影）

花苞遮光后开出的大雪素（杨开摄影）

5.墨兰养护

（1）营造阴凉环境，忌暴晒：自然界的墨兰大多生长于比较阴凉的环境中，叶片宽长、垂软、角质层薄，最忌阳光暴晒。夏、秋、初冬均须遮阴，特别是中午和下午，不然叶片易被灼伤。

（2）提高空气湿度：野生墨兰多生长于山脚较阴处溪流旁，经常水雾弥漫，因此墨兰对环境的空气湿度要求比较高。阳台养墨兰，尤其是北方，可将其放在双层带水槽兰架的下方，这样空气湿度相对要高一些，有利于其生长。

墨兰是兰花中最喜欢温暖环境的种类（潮州素荷，刘志云栽培）

（3）冬季注意保温：墨兰原产地处于热带、亚热带，气候温暖，冬季气温极少达0℃，是最喜欢温暖环境的兰花种类。实践证明，墨兰在冬季最好气温不低于5℃，除广东、福建以外，其他地方冬季最好放在温室内或有暖气设备的室内养护，以免受冻害。

（4）薄肥勤施，大盆栽植：墨兰植株高大，叶片宽阔，根系发达，一莛多花，对肥料的需求量大。日常养护要薄肥勤施，这是促使墨兰根繁叶茂的重要条件。墨兰施肥量要比其他兰花种类多一些。由于其根系发达，在选择用盆上宜大不宜小。

6.建兰养护

（1）光照要充足：建兰是比较喜欢光照充足环境的兰花种类，日常养护可将其放在兰室兰架阳光最强的地方，尽量少遮阴，否则不易起花。个别建兰品种日常需要暴晒，才能来花，如铁骨素等。

（2）施肥要勤一些：建兰又名四季兰，许多品种一年可开花两次，又加上一莛多花，消耗养分很多，因此在养护中应本着薄肥勤施的原则，施肥勤一些，这样建兰才会生长健壮，花开到位。

（3）花期注意预防虫害：建兰一般在7~9月份的高温季节开花，最容易发生蓟马侵害花苞、花朵的现象，造成花苞不长、变褐、枯死，花朵被啃食得面目全非，严重影响观赏性。因此，建兰在起蕾时就要喷洒杀虫剂预防，以避免遭受虫害。

（4）注意防冻：建兰比较怕冻。长江以北地区，冬季宜放在封闭式兰室内养，气温不能低于0℃，否则易发生冻害。

建兰花朵遭受蓟马危害

7.寒兰养护

（1）精心选配植料：经过多种植料配方的对比试验，发现栽培寒兰无论用何种颗粒植料，都应掺一些兰花泥，这样养的寒兰长势较好。试验证明，较适合栽培寒兰的植料配方是：塘基石或植金石（也可用粗河沙或其他硬植料代替）40%、兰花泥35%、栽过食用菌的菌糠或木屑15%、蛇木10%。

（2）加强遮阴：野生寒兰大多生长在浓密的阔叶林下，环境较阴，所以寒兰要阴养。这一点寒兰与春兰、蕙兰有很大的差异，所以培育环境也要有区别，遮阴度要高。特别是高温季节，更要注意遮阴。如果在采光好的阳台养寒兰，可把寒兰放在兰架下层，架上层有春兰、蕙兰挡

寒兰宜阴养，可把寒兰放在兰架下层

光，效果也相当不错。阴养寒兰叶质有光泽，叶面油绿，黑斑少，发病率低。

（3）提高空气湿度：野生寒兰生长的地方往往整年弥漫着溪水产生的雾气，常年空气湿度较高。一般的兰友都将寒兰与春兰、蕙兰混养，其实春兰、蕙兰适宜的空气湿度，对于寒兰还不够。寒兰喜欢空气湿度高，应尽量创造条件，满足它的需求。

（4）科学施肥：寒兰因品种不同，假鳞茎有大有小。对假鳞茎小的寒兰，因贮存的养分有限，再加上易开花且梗高花多，消耗养分较多，上盆时最好能加少量基肥。实践证明，植料中掺入1%左右经腐熟发酵灭菌的猪粪较有利于寒兰生长。对于假鳞茎大的寒兰，则要少施肥，甚至不施，否则可能造成肥害。

（5）勤分株：繁殖率低，增苗缓慢是寒兰栽培的难点之一。下山寒兰增苗不易，往往新苗未成，老苗已倒。实践证明，寒兰完全可以

独苗分割培植，甚至无叶老头亦可切割分植。但须注意以下几点：一要选好苗。用于增苗的寒兰，植株要健壮，根系要发达。二要选择好时机。一般选择在新苗成苗的8月份分苗，因为此时分苗，第二年发芽早，可以长成大苗。三要分苗不分盆。将盆面植料倒掉一部分，露出全部假鳞茎，用消毒过的剪刀在假鳞茎连接处剪开，涂上杀菌农药，阴养2天后重新盖上植料即可。

（三）不同兰苗养护

1.下山兰养护

（1）洗苗分株：对于下山兰，首先要用清水洗净泥土。若兰丛较大，还要进行分株，但每丛最好不要少于3苗。晾干后，仔细剪去腐根败叶，然后再把兰株浸入0.1%的高锰酸钾溶液中消毒20分钟。取出后，最好用草木灰或百菌清涂抹分株切口与断根处，以防感染。放在阴凉处晾干，待兰根变软后再种。

消毒兰株

（2）使用素植料：下山兰在采挖、挑选、运输等过程中，易造成根伤。因此，主要任务就是养好根。只有养好根，兰株才能吸收更多的养分，而植料的选择是养好根的关键。养下山兰的植料用砂包土掺些兰花泥最好。上盆时泥土不能太湿，也不能过干，以用手抓成团、手一松即散为宜。须注意的是，不管使用何种植料，最好不要添加基肥。

（3）避强光：在新根未长出前，兰花必须适当遮阴避强光。因为在强光照射下，兰株体内水分散失快，不利于下山兰成活。

（4）慎浇水：下山兰上盆后不应马上浇定根水，需经2~3天兰根伤口愈合后才可浇水。定根水一定要浇透。如果天气干燥，可喷雾湿润。平时可经常往叶面喷水。在日常管理中，浇水时间应视盆中植料干湿状况灵活掌握，保证植料润而不渍。

（5）根部不施肥：由于下山兰根系受损，因此在这段时间内，绝不能予以根部施肥。但可采用叶面施肥。对下山兰来说，叶面施肥能迅速及时地提供养分。叶面肥以速效性的氮、磷肥为主，如可喷施花宝1号、花宝2号等速效性肥料。

（6）防病虫：喷药防病治虫是养好下山兰必不可少的一个环节。特别是在梅雨和高温期间，兰花易生白绢病、茎腐病、炭疽病等病害。在病害未发生之前，应经常性地预防，每隔10天用稀释800~1200倍的甲基硫菌灵、多菌灵等交替喷洒。若有介壳虫及蚜虫等危害，可用10%吡虫啉可湿性粉剂稀释1000~1500倍后喷雾防治。

2.叶艺兰养护

由于叶艺兰斑纹或斑块占据了叶面部分面积，叶面上的叶绿体相对减少，叶片光合作用强度降低，所以植株制造养分能力明显不及花艺兰。因此，叶艺兰生长速度要慢于花艺兰。这决定了叶艺兰的莳养管理应有别于花艺兰。

（1）不宜单株繁殖：叶艺兰植株一般不及花艺兰强壮，生长速度也较慢，因此不宜单株繁殖。最好子母连体或3~4苗连丛，以提高成活率和培养壮苗。

（2）选用颗粒植料：实践证明，栽培叶艺兰宜选用弱酸性、少含氮的颗粒植料，如石料（塘基石、植金石、鹅卵石等）、陶料、风化石等，混合少量蛇木或树皮即可。一般不用塘泥或养分高的兰花泥，以免氮肥充足而"跑"艺。下山叶艺兰最好采挖

叶艺兰适于采用颗粒植料栽培（金如意，刘振龙摄影）

时带些原生地泥土回来。

（3）宜弱光照，高空气湿度：叶艺兰一般叶质较薄，宜见散射光。新芽初出时宜置于弱光处，如光照太强易焦尖。空气湿度宜高些，要注意保持兰室空气相对湿度不低于70%。

（4）宜素养，均衡施肥：叶艺兰要少施肥。为便于新芽叶艺的形成，可施用魔肥作基肥。

（5）根据艺情，分开栽植：如整丛兰有的有艺，有的无艺，可分开种。一盆叶艺兰到了春秋生长季节就会同时或先后长出多个新芽，可以从叶鞘上判断未来新株艺向的优劣，必须切除没有艺向的绿芽或艺向不理想的新芽，留下艺向理想的新芽。

兰家有话说　如何预防幽灵草？

　　所谓幽灵草指的是整片叶子呈黄色或白色的兰苗。因幽灵草缺乏叶绿素而难以成活，所以要尽量避免出现幽灵草。据台湾兰家的经验，每月浇施1次1%草石灰（早季稻草为佳）浸泡液，对预防叶艺兰出现幽灵草和叶片返青"跑"艺有良好的效果。

3.温室苗养护

在高温高湿的温室内用颗粒植料和各种无机肥栽培出的兰花，称温室苗。温室苗的栽培环境与普通家庭养兰环境差别很大，因此，普通家庭养兰者引种后栽培难度较大。要养好它，必须尽可能地营造适宜其生长的环境条件。

（1）用颗粒植料：温室苗都是在温室内培养的，所用植料都是用经过高温处理后的植料，如塘基石、植金石等。引种这些兰花在家庭环境中栽培，必须用颗粒植料，如仙土、塘基石、粗砂、小砖碎、小石粒、风化石等，千万不要一上盆就用兰花泥等土料类植料，否则兰花会因"饮食"不习惯，植料透气沥水不佳而倒苗，这是一定要注意的。

（2）空气湿度宜高一些：温室苗都是在温室高温高湿的环境中成长的，环境条件优越，这就要求家庭引种莳养时必须对养兰环境进行改造。开放式阳台最好改造为封闭式阳台，庭院养兰要建造封闭式兰室，并采取多种措施提高空气湿度。兰室空气相对湿度一般白天不要低于40%。

养温室苗空气湿度宜高一些

（3）施用无机肥：温室养兰，使用的都是无机肥。这些温室苗一下子就让它们"吃"有机肥，会把它们"烧"死的，还是让它们"享用"无机肥为好。

（4）多见阳光，逐步炼草：温室苗"外强中干"，对环境的适应性和对病虫害的抵抗力都比较差，要逐步提高其适应环境和抗病虫害的能力。其主要途径就是适当增强光照，特别是春季、冬季和晚秋要尽可能让其沐浴在阳光中，以增强抵御恶劣环境和病虫害的能力。

4.弱苗小苗复壮

让兰花弱苗小苗复壮，有一定难度。实践证明，要让弱苗小苗复壮，所有措施都必须符合它的生长规律，要用平常心态耐心养护，稳扎稳打慢慢来，绝不能操之过急。只要选好植料，管理跟上，兰花弱苗小苗完全可以复壮。

（1）精选透气沥水、富含养分的混合植料：植料以混合植料为好。栽培弱苗小苗的植料最好用含有过筛兰花泥的混合植料，比例占1/3，下粗上细，特别是假鳞茎周围要用直径3~5毫米细粒捂住，这样有利于弱苗小苗新根生长。根深叶茂，只有把根养好了，弱苗小苗才有可能复壮，否则，一切无从谈起。

（2）兰盆宜小，翻盆勿过勤：兰花弱苗小苗，根系不发达，在用盆上宜小不宜大。用大盆栽弱苗小苗，植料难以干透，容易导致烂根倒苗。弱苗小苗生长慢，宜静不宜动，如不见发病，不可翻盆，翻盆后发的苗很难长大。

养弱苗小苗宜用小盆

（3）宜与健壮苗同盆栽培：实践证明，越是健壮的兰株其根系周围兰菌越多，兰菌越多越有利于兰花的生长。而弱苗小苗其根系周围兰菌大都不活跃，兰株生长缓慢。因此，要想让弱苗小苗复壮，最好给她找个"奶妈"，即将它与健壮的兰苗同盆栽植，使其生长在兰菌活跃的环境中，以"强"带"弱"促生长，效果良好。

（4）适当遮阴：弱苗小苗宜阴不宜阳，以散射光为好，须待放叶时让其略受晨曦，逐步锻炼适应。弱苗小苗突然受强烈阳光直射，易受伤害。

（5）宜清养：弱苗小苗长势弱，所需肥料不多，休眠期更是如此。"虚不受补"，多施肥会适得其反。养弱苗小苗总的要求是偏干素养，植料要干而不燥，润而不渍。肥多且湿，往往不易发根，甚至不发根。浇水不能大水喷淋，一般也不宜淋雨，否则易烂苗。

（6）创造适宜的空气湿度条件：养弱苗小苗，空气湿度不能过高过低，空气相对湿度以40%~70%为好。

（四）兰花促芽壮苗技艺

1.芽期管理技艺

清明来临，气温回升，降水增多，兰花纷纷萌芽。此时兰花芽期管理就成为养兰人的重要工作。

（1）空气湿度要提高，植料湿润莫干燥：在长期的艺兰实践中，人们发现兰花发芽期需要湿润环境，包括较高的空气湿度和植料湿度，如植料过干、空气湿度过低易造成僵芽和兰根生长点萎缩。因此，兰花芽期管理应突出一个"润"字，努力营造养兰场所和植料相对湿润的环境。具体而言，可通过场地洒水、叶面淋水、水盘增湿、加湿器加湿等多种途径，努力营造白天不低于40%的空气相对湿度。在确保植料透气沥水的前提下，浇水可适当勤一些，以确保兰花顺利萌芽、出土、展叶，苗壮成长。

（2）萌芽期间巧施肥，促发壮芽益生长：兰花萌芽生根需要大量的养分，适度施肥很有必要。经验丰富的养兰人一般在万物复苏的清明时节，选择天气晴朗之日，对没有花苞的兰花施1次稀薄肥，半月余后再施1次；开过花的兰花，一般有一段短暂的休眠期，要在花谢后过10多天方能施肥。春季施肥对兰芽生长非常重要。如不施肥，新芽新叶往往瘦弱，且日后不易生花。

（3）芽期淋水应慎重，莫教芽心留积水：为提高养兰场所的空气湿度，或为清洗兰叶，人们往往给兰花淋水，这是很有必要的。但有一点要小心，那就是当芽破土开嘴展叶时，给兰花淋水时最好对新芽采取保护措施，即将兰芽罩起来后再淋水，以防芽心积水

芽期淋水须小心

而造成烂芽；如不慎芽进了水，应用卫生纸（裹在牙签上）将水分吸干，以绝后患。这当然只有在栽培数量不多时才能做到。

兰家有话说　**避免兰花烂芽还要注意什么？**

兰花烂芽是养兰人感到头痛的问题。避免兰花烂芽除了给兰花淋水时应将芽罩住之外，还要注意两点：一是用浸盆法给兰花浇水时，桶内水面应低于盆面2厘米左右，以免水灌入芽中；二是给兰花淋水后应及时采取通风措施，以使兰芽内的水分迅速蒸发掉。

（4）因地制宜淋春雨，兰芽怒生有奇效：常言道，"春雨贵如油"。春雨对植物的生长具有不可替代的作用。雨水是较好的养兰用水，也是理想的"催芽剂"。自然界中的兰花就是靠雨露滋润苗壮成长的。实践证明，空气质量较好的地区，可让兰花淋雨，有利于芽生长，往往会收到"久旱逢雨，兰芽怒生"的奇效。当然，空气污染严重的地方就不宜让兰花淋雨了。

（5）环境通风应良好，未雨绸缪防病害：大自然中的兰花大多生长在通风良好、气候适宜的环境中，很少发生病害。兰花芽期若养兰场所通风不好，环境闷热，易引发各种病害。这就需要养兰人，不管是在庭院养兰还是在阳台养兰，都要最大限度地营造通风良好的养兰环境，兰盆放置在四面通风的兰架上，这是预防兰花病害的关键措施之一，万万不可大意。

2.促发壮芽技艺

经验丰富的养兰人不片面追求芽的数量，更注重芽的质量，以兰花发出壮芽的多少作为评判艺兰水平高低的标准。要让兰花发出壮芽，必须做好以下管理工作。

（1）让兰花充分休眠：兰花在自然环境中每年都有3~5个月不等的休眠期，这期间表面看起来兰花不生长，其实是在积聚能量为来年开花发芽做准备。能量从何而来？主要靠光合作用制造。兰花休眠期温度低，可大胆地让兰花接受太阳光，以储备充足的能量用于孕育壮芽。同时要注意休眠期兰室温度不能过高，白天最高温度一般不超过15℃，夜间最低温度在0℃左右，以尽量减少对兰花休眠期的干扰，减少呼吸作用对养分的消耗。这是确保兰花来年发壮芽的基本条件。

（2）适度施肥促壮芽：兰花幼芽和新根萌发时期，需要较多养分，如不施肥，日后不易发壮芽，也影响以后兰苗的生长和开花。因此，每年在清明前后可选择晴朗天气对没有花苞的兰株施1次有机肥，过半个月之后再施1次，对兰花发壮芽非常有好处。

（3）适当扣水促壮芽：一般而言，兰花开花过后都有一个短暂的休眠期，可利用这个时期扣水1次，即让植料稍偏干。实践证明，兰花在萌芽期植料短时间内偏干一些，有利于发壮芽。

3.促多发芽技艺

让兰花多发芽是养兰人的共同愿望，也一直是养兰人孜孜以求的目标。要提高兰花的发芽率，必须采取以下措施。

（1）合理分株：实践证明，盆中兰株多了，一般养分供应不足，势必导致发出的芽少而弱。盆中兰株多了，兰根在盆中盘根错节结成一团，下部所发的芽有的很难长出来，甚至钻进根部而"夭折"，即使发出芽来，新芽的根也无立锥之地，新芽大都比较弱。古人有"极弱则合，极壮则分"的说法，很有道理。盆中兰株多了，必须适时合理分株，这是提高兰花发芽率的最基本的方法。

适当分株可提高发芽率

（2）老苗另植：一般来说，根系好的老苗可制造养分输送给下一代，对新苗的生长发育起促进作用；而无根或根系差的老苗本身所需的养分是新株为其提供

老苗另植

的，老苗成了新苗的"负担"。对于后者必须分开另植。一般以3苗左右1丛为宜，这样可以使几年不曾发芽的老苗焕发青春，再发新芽。实践证明，老苗另植是提高兰花发芽率的重要方法。

（3）扭伤假鳞茎：扭伤假鳞茎，提高兰花发芽率，是我国艺兰前辈留给我们的宝贵经验。具体做法是：在深秋或仲春，结合分株翻盆，取出兰苗，用两手分别捏住两个假磷茎的中上部，分别向相反方向扭90°~180°,使连接茎呈半分离状态（注意不可完全扭断）。接着在扭伤处敷上甲基硫菌灵粉末（以防感染病菌），然后将兰株种入盆中即可。经此处理，处于半分离状态的爷代、父代、子代的假磷茎都能各自发出新芽，有的还能发双垄苗。不过这种方法只适用于假鳞茎较大的春兰、墨兰、建兰等种类，对于假鳞茎较小、连接茎短的蕙兰、春剑，一般不宜施行。

（4）单株繁殖：按照我国传统艺兰习惯，每盆兰花最起码要有两苗。但这并不是说兰花不能单株繁殖。只不过兰花的单株繁殖要求高，只有苗壮根好的兰苗方可施行。单株繁殖宜在深秋初冬或暮春初夏进行。为提高单株繁殖的成功率，可采用不翻盆截断连接茎的方式。具体操作步骤是：拨去假鳞茎上面的植料，露出两个假鳞茎间的连接茎；用消毒过的剪刀或手术刀将连接茎截断，伤口及时敷上甲基硫菌灵粉末；经晾晒2~3小时，再填上消毒过的植料即可。这样做的最大好处是兰根未受损伤，根的吸收能力不受影响，发芽早且芽壮。

单株繁殖适于根好苗壮的植株

（5）适当使用植物生长调节剂：现在市场上出售的各种兰花催芽剂，都属于植物生长调节剂，也就是我们平常所说的激素。

不翻盆分株

使用兰花催芽剂能使新苗和老苗的发芽率成倍提高，可实现1年发2~3代苗，甚至4代苗。如配合加强管理，也可育出壮苗。但利用植物生长调节剂催出来的新苗由于"奶水不足"，引种后在自然环境下栽培往往第二年并不能正常发芽，一般要第三年才能正常发芽。因此，家庭养兰一般不提倡使用植物生长调节剂催芽。

（6）适当疏蕾：开过花的兰株由于养分消耗大，发芽一般都受到严重影响，表现为发芽迟、发芽少、发小芽。这就要求养兰人根据兰株的壮弱，本着去弱留强的原则，及时摘除立冬后新起的花苞和后垄苗起的花苞。一般满盆壮苗春兰酌情留2~5个花苞，蕙兰留1~3个花苞即可。

适当疏蕾可提高发芽率

（7）适当缩短兰花休眠期：兰花一年中有两次休眠期，一是夏季温度高于30℃时，生长缓慢甚至停止生长，逐渐进入休眠期；一是冬季温度低于15℃时，逐渐进入休眠期。因此，可以适当缩短兰花休眠期，延长兰花生长期，达到多发芽的目的。 具体的做法：一是从立春开始，将兰室温度提到15℃以上，时间持续1个月左右，使兰花提前由休眠期转入生长期，促使兰花早发芽。二是当盛夏兰室温度高于30℃时，想办法将小环境温度降至25℃左右，缩短兰花夏季休眠时间，延长生长时间。用这种方法，一般一年能发两次芽，如管理跟上，新芽能长成壮苗。

4.促二次发芽技艺

（1）适当缩短冬季休眠期：为确保第一次发芽来得早，可适当缩短兰花的冬季休眠期，最好缩短1个月，促其在4月初就提前发出壮芽；经过近3个月生长，6月底一般新芽可长成中苗，这样新苗大多可第二次发出新芽。

（2）给予充足光照，创造适宜的昼夜温差条件：春季阳光柔和，可放心让兰花接受充足光照，让其沐浴在阳光中，为二次发芽打下坚实基础。兰花原产地春季昼夜温差大，有利于兰花积累养分。因此，创造适宜的昼夜温差条件很重要。晚上可适当将铝合金玻璃窗打开，最大限度地降低晚上气温。

确保第一次发芽来得早、长得壮

（3）扣水施肥：兰花的发芽需要大量的养分，及时施肥非常重要。对未生花苞的盆兰，可在清明前后施1次薄肥，半月后再施1次；对刚开过花的盆兰，须过10天左右再施肥。施肥前都要适当扣水1次，待植料偏干时施肥效果最好。

5.光芦头催芽技艺

所谓光芦头，指的是无根无叶的假鳞茎。怎样才能让光芦头"枯木逢春"，长出新苗呢？实践证明，只要光芦头饱满充实、色泽泛绿、无病斑、没有干瘪，加之栽培得法，光芦头完全可以催出新芽。

（1）药液消毒浸泡：栽植前用0.5%的高锰酸钾溶液，或50%多菌灵可湿性粉剂800倍液，浸泡光芦头20~30分钟，然后捞出洗净，晾干；接着用兰菌王500倍液浸泡光芦头20~30分钟，即可上盆种植。

将光芦头浸泡于消毒液中

（2）精选混合植料，构筑疏水层和营养层：选用红砖粗颗粒或用柳树小枝节，填满透气罩周围作疏水层；用柳树皮或青冈树皮或轻质木颗料30%、蛇木20%、腐叶土20%、椰糠10%、红砖细颗粒20%配成的混合植料填充盆中部，作植料营养层；用无污染的溪流沙填充盆上部。

（3）小盆浅植：选用小号圆形高筒塑料盆或紫砂盆栽植。光芦头浅植于湿沙中，然后浇上兰菌王500倍液。

（4）加强管理：光芦头宜阴养，生长环境宜通风透气，保持空气相对湿度60%~80%。平时管理，除冬季保持植料七分干三分湿之外，春、夏、秋季节应保持湿润。在生长旺盛期，每周用兰菌王500倍液追施1次。待新芽出土，开始展叶时，每隔10天，交替浇施1次0.1%尿素加0.1%磷酸二

将光芦头植于湿沙中

氢钾混合液和兰菌王500倍液，做到勤施、淡施，切忌过浓。当新苗快速生长时，再转入正常管理，让兰株多接受柔和的散射光。

（五）兰花促花增香技艺

1.促蕾技艺

一般而言，只要种养得法，盆栽兰花有3~5株壮苗就有可能孕蕾开花。但有的兰苗虽长得很壮，却不见现蕾。如何让兰花适时现蕾？具体而言，兰花促蕾主要有如下方法。

（1）把兰花养壮：一般而言，在两种情况下兰花易开花结果。一种是根繁叶茂、植株健壮时易开花；一种是在恶劣的环境下，植株瘦弱，出于传宗接代的本能，植株易开花。因此，兰友要想使兰花开花放香，最根本的前提是不断提高养兰水平，把兰花养壮养好。

（2）让兰花接受充足的阳光：古谱云"阳多则花好"，光照充足，有利于兰株孕育花苞。不管用什么方法养兰，除夏季和初秋需适当遮阴外，其他季节应让兰花充分接受阳光，让兰花沐浴在阳光中，这样有利于花芽分化。自然界中，阳光多的地方，兰花开花也多，证明了这一点。

（3）昼夜温差要大：实践证明，必要的昼夜温差对于兰花应时起蕾大有裨益。自然界中的兰花大都生长在一定海拔的茂林幽谷之中，通风良好，昼夜温差大（一般在10℃左右），非常有利于兰株现蕾开花。为了创造适宜的温差条件，晚上将兰室窗户打开，使其充分通风透气，尽量使兰室夜间温度与室外温度接近，以加大昼夜温差，从而为兰花的生殖生长打下坚实的基础。

（4）秋季植料要适当扣水：进入8月中旬，兰花新苗大多基本成熟。为了让兰花现蕾，秋季植料应保持润中带干，可适当扣水1~2次，以促使兰花转入生殖生长阶段。

（5）巧用磷肥促现蕾：磷具有促进植株壮实和花芽分化的功能。如植料中缺磷，一般很难起花。因此，秋季可适当增施一些磷肥，以利花芽分化。最简单易行、安全可靠的是用磷酸二氢钾进行叶面施肥，一般7天1次。

2.催花技艺

要想让兰花按照人们的意愿，提早开花，必须采取催花技术。具体催花技术要点如下。

（1）春化要充分：春兰、蕙兰等要开花，需要经过低温春化。春化时间一般不能少于1个月，特别是大雪到大寒这段时间尤为重要。兰花的春化在江南地区比较好解决，将盆兰放在庭院或阳台即可；北方冬季气温低，人们一般在封闭式阳台或兰室养兰，应注意温度不可太高，以满足其对春化的要求。

催花而提早开花的程梅（陆明祥栽培）

（2）采用加温设备加温：给兰花催花加热的设备主要有水温暖气片、红外线取暖器、红外线灯泡、暖风机和油汀等。需要注意的是，一般不要在室内用空调器加温，因为空调器在加温的同时会使室内空气湿度降得很低，稍有不慎就会造成兰花失水萎蔫，影响开品。用红外线取暖器、红外线灯泡、暖风机等加温，一定要将加热设备放在兰盆的下方，因为热

水温暖气片

空气是上升的，这样加热效果好；还要注意红外线取暖器、红外线灯泡千万不要对着兰株直接照射，暖风机不要直接对着兰株吹，否则会把兰株吹枯。油汀好用一些，它具有散热均匀、不影响兰室的空气湿度、温度可以调节等优点。最理想的加热装置是水温暖气片，具有散热均匀、安全可靠的优点，尤其适合北方有暖气设施的兰友用来给兰花催花。

（3）循序渐进提高温度：经过必要的低温春化后，就要适时适当提高温度。近几年实践证明：春兰、春剑、莲瓣兰的催花时间以提前20天左右开始为宜；蕙兰的催花时间以提前30天左右为宜。要注意的是，温度的提升必须循序渐进，不能一下子就把温度由0~12℃迅速升至20℃以上，必须让兰花有一个温度的适应期，时间不少于3~5天。具体来说，要以自然环境温度为起点，每天提高5℃左右，当小温室的温度上升至20℃左右时就不必再提高了。小温室的白天和黑夜也要有一定的温差，切不可将小温室搞成恒温室。同时，在催花过程中可视花梗拔高情况适时调节小温室的温度。如果花梗生长缓慢，可适当调高温度，但也不要超过25℃。

（4）加强管理：冬季阳光柔和，凡催花兰花宜放在向阳处接受阳光。兰花在春化期间空气湿度要低一些，但在拔梗开花期间空气湿度应高一些，一般白天空气相对湿度不低于40%，以50%~60%为佳。

3.孕蕾开花期管理技艺

兰花从起蕾至盛放这一时期，过去养兰人称为花时，也就是现在

我们所说的孕蕾开花期。兰花孕蕾开花期如管理得当，则花梗挺拔，花容端庄秀丽；管理不当，则花容粗劣，形色失常，开品大打折扣，还可能因花开过久，养分消耗过多，影响日后叶芽的正常生长。概括起来，兰花孕蕾开花期应做好以下工作。

去弱留强，适当疏蕾

（1）去弱留强，适当疏蕾：兰花起蕾后，应本着去弱留强的原则，适当疏蕾。纤弱、受病害危害的兰株孕育的花苞，在秋末冬初再生的花苞，一般都不宜留。后垄苗所生发的花苞，只宜选留健壮饱满的1个；如前垄苗有花，可留前垄苗的花苞，摘掉后垄苗的花苞。此外，歪斜的花苞或在盆沿一侧生出的花苞，都不宜留。一般春兰每盆可酌情留2~5

花苞开始拔高后须适当遮阴

个花苞，蕙兰最好只留1~3个花苞，其他兰花种类可适当多留一些。

（2）冬季宜接受阳光，花开时节须适当遮阴：冬季阳光柔和，凡起蕾兰花宜放在向阳处接受阳光。但花苞开放前后，如任其接受阳光直射，花色易变黄，素心品种舌苔变白色或微黄色，有损花容。特别是蕙兰在大排铃时如接受阳光，绿花颜色转暗或转黄绿色，赤蕙类颜色转深。因此，兰花在花苞未拔高时可充分接受光照，在花苞开始拔高后须适当遮阴，否则花色不俏，影响开品。

（3）花期植料宜偏干，空气湿度宜高：冬季兰花营养生长停止，总体上植料宜润中带干。由于气温低，水分蒸发量小，浇水时须避免水滴进入苞衣之中，否则极易引起烂蕾。一般而言，花苞拔高前对空气湿度要求并不高，但在春兰舒瓣前和一葶多花的兰花排铃时对空气湿度要求比较高。实践证明，空气湿度对春兰花梗的高矮影响较大，对蕙兰等影响稍小些。春兰中尤以荷瓣所受影响最为显著。如在放花期间没有足够湿润的环境，开花时花梗矮，观赏价值大打折扣。但必须注意，植料湿度一般不宜过高，应适当偏干一些。瓣形花开花时如浇水过勤，往往会引起落肩、外三瓣后倾，捧瓣开天窗，形成"武相"开品。但对奇花而言，放花时植料要湿润些，这样奇花开得更好。

（4）适时拔花：兰花如任其花开花落，会影响日后生长，因此需要适时拔花。一般春兰盛开半月后应将花拔去，一葶多花类待顶花放足后过五六天应将花拔去。如系稀珍名种或苗数不多的品种，花开两三天后就应去除。剪花最为方便，但剪后残留在植料中的花梗可能发霉，从而导致病害。最好的除花方法是：用一手的两个手指沿着盆面夹持花梗，并轻微压住盆面，另一手的两个手指在离盆面两三厘米处捏住花梗，然后迅速向上一拔即可。

放花时空气湿度高些，有利于荷瓣春兰花梗拔高（万青荷，吴立方摄影）

牡丹瓣品种放花时植料湿润些，花开得更优美（新昌牡丹，胡钰摄影）

兰家有话说　兰花花梗已拔高但花苞萎缩未开放，何原因？

　　一般兰花花梗拔高后，花朵大都能顺利开放，但有时也会出现花苞萎缩不能放花现象。出现这种现象的主要原因是花梗在拔高过程中突然遇到强寒流，花苞受冻。预防措施是时刻留意天气预报，一旦出现强寒流，及时采取防冻措施。

4.促花好香足技艺

　　常言道："兰蕙开花难，开出好的花品更难。"如何才能让兰花开品好、香气足呢？要想让兰花开品好、香气足，前提是把兰花养壮，此外，还需要在以下6个方面下工夫。

　　（1）植料养分要全面：植物的开花结果需要大量的养分，兰花也不例外。兰花好的开品是由多种因素促成的，而植料养分全面是前提条件。尽管用兰花泥养兰有干湿度不易掌握、不够清洁、易滋生害虫等弊端，但由于它养分全，在同等栽培条件下开品好，因此现代还有不少人乐此不

植料养分足，开品到位（陶宝，吴立方摄影）

疲。为克服兰花泥的弊端，现在人们大都用颗粒植料养兰，这是技术的一大进步，但颗粒植料养分不全，会影响兰花的开品和香气。最好用兰花泥和颗粒植料混合后养兰，这样可优势互补，效果最好。

　　（2）开花之前光照要足：一般而言，光照充足，花苞发育就充分，植株生长茂盛，花开得好，香气足。因此，春、秋、冬三季让兰花多晒晒太阳，是兰花应时开花放香、开品到位的必要条件。

（3）昼夜温差要大：昼夜温差大，有利于兰花体内营养物质积累，兰花开品才能到位，香气也好。因此，不管用何种方法养兰，晚上都要加强养兰场所的通风透气，努力使昼夜温差保持在10℃左右。

（4）春化要充分：如果冬季气温偏高，春化不充分，兰花就会出现僵蕾现象，即使开花，开品也差，香气也不理想。只有经过充分的春化，花苞发育才充分，开出的花才会神采飞扬，香气也好。

正格瓣形花开花时植料过湿，外瓣易后倾（程梅，林怀汉摄影）

（5）适当疏蕾：根据兰苗壮弱，本着去弱留强的原则，及时摘除立冬后新起的花苞和后垄苗起的花苞。一般满盆壮苗春兰酌情留2~5个花苞，蕙兰留1~3个花苞即可。

（6）花期植料宜干，忌过湿：一般来说，在放花期间植料湿度不宜过高，应适当略干一些，这样开品好，香气也足，否则往往会引起落肩、开天窗等；但对奇花类而言，放花时植料要湿润些，这样花才会开得舒展。

（六）兰花养根技艺

1.杜绝空根技艺

养兰人在给兰花翻盆过程中时常会遇到兰根表面上看起来洁净完整而内部空空的情况，这种根人们习惯上称为空根。出现空根的根本原因是兰根长期处于干燥的环境中而导致兰根失水。杜绝兰苗空根，须对症下药，具体而言有以下两条措施。

（1）浇水要充足，杜绝浇"半截水"：预防浇"半截水"有两个方法：一是给兰花浇水要多浇几次，不要一见兰盆底部流水就停止浇水。其实，有时候给兰花稍微浇点水，兰盆底部就有水流出，而内部许多植料却

浇水不透导致空根

是干的。因此，要多浇几次水，确保植料充分湿润。二是采用浸盆法浇水，也就是将兰盆放在盛水的容器中，使水从盆底慢慢向上滋润植料。这种方法浇水最均匀充分。此法可与盆面浇水轮流进行。

（2）植料要填实，确保植料与兰根充分接触：古兰谱云"一根不着土，其根即空"，确实是经验之谈。实践证明，植料与兰根接触不充分，时间长了，兰根悬空失水，定会出现空根现象。基于此，养兰人在栽种兰花时一定要将植料充分调匀，按照大、中、小颗粒的顺序依次填入，每增加一层植料都要轻拍盆壁，使植料与兰根充分接触。上完盆后用浸盆法浇透水。

2.防止烂根技艺

兰花烂根是兰花百病之源，只有做好水肥管理才能避免烂根的发生。

（1）用混合植料养兰，浇水要适度：兰花根是肉质根，如果植料沥水性差，兰根长期处于过湿的环境中就会烂根。为防止兰花烂根，最好用混合植料，即将各种颗粒植料与过筛兰花泥按一定比例

浇水过勤导致烂根

调匀，使其疏松、透气、保湿而又不积水，这样可大大减少兰花烂根发生概率。同时，也要注意浇水问题，不要以为植料不积水就可无节制地浇水。

（2）薄肥勤施，避免肥害：不合理的施肥也容易造成烂根。用兰花泥养兰一般当年无须用肥。用颗粒植料养兰，如其本身所含的养分比较少，就必须适当施肥，否则兰花瘦弱而长不大。不管是施用有机肥还是无机肥，都要掌握"宁淡勿浓、薄肥勤施"的原则，切忌浓肥猛施、急功近利。兰花如因施肥不当造成肥害，极易导致烂根甚至倒苗，危害要比因积水导致的烂根严重得多。为保险起见，叶面施肥时，稀释浓度可比说明书上标注的稀一些，这样可确保万无一失。

（七）预防叶片焦尖技艺

1.叶片焦尖主要原因

引起兰花叶片焦尖的原因很多，但概括起来无非是三大类：一类是由自然环境因素引起的叶片焦尖；一类是由管理不当引起的叶片焦尖；一类是由病害引起的叶片焦尖。其中，由病害引起的叶片焦尖危害最为严重。

（1）自然环境因素引起的叶片焦尖：

①空气干燥，叶片易焦尖。叶片水分，一靠根部输送，二靠叶片从空气中吸收。因此，自然因素引起的叶片焦尖，其原因除植料过分干燥外，与空气湿度过低也有很大关系。兰室如空气湿度过低，势必引起兰株蒸腾作用增强，导致叶片水分供需失衡，叶片就会出现焦尖。温室兰花由于空气湿度高，一般叶片不焦尖，也证明了这一点。

②天气骤变，叶片易焦尖。遇到久旱不雨的极端天气，空气干燥，叶片易焦尖；久雨不晴，湿度过高，此时突然艳阳高照，高温蒸烤，叶片也易焦尖。尤其是初夏与秋季，风大，天气干燥，水分蒸发

量大，容易引起新苗叶片焦尖。

③空气污染严重，叶片易焦尖。如地处工厂集中区，空气污染严重，叶片受有害气体危害，容易焦尖。

（2）管理不当引起的叶片焦尖：

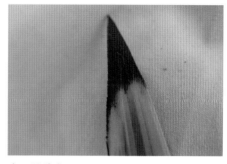
生理性焦尖

①光照过强，叶片易焦尖。夏季和初秋光照强烈，如不遮阴或遮阴力度不够，光照过强，容易引起叶片焦尖。

②长期阴养，突见强光，叶片易焦尖。兰花长期阴养，光照过弱，叶质薄而柔软，抗逆性差，如果骤然见强光，容易引起叶片焦尖。

③浇水不当，叶片易焦尖。浇水过勤或梅雨季节盆内积水导致烂根，会使叶片焦尖。浇水时间不当，夏季中午浇水，水与植料温差太大，导致根系正常生理活动异常，产生生理干旱，也易导致叶片焦尖。浇水方法不当，经常浇"半截水"，致使盆中局部植料过干，往往造成叶片焦尖。另外，如用受污染的水浇兰花，或者空气污染严重的地方兰花淋了酸雨，也会引起叶片焦尖。

④施肥不当，叶片易焦尖。施肥过重，致使兰根被烧，容易造成叶片焦尖。另外，肥料养分不均衡，缺乏钾肥，叶片也易焦尖。

⑤喷施药物不当，兰株易焦尖。不按要求喷施药物，药液过浓，超过标准，或喷施量大，农药积聚叶尖，往往容易造成叶片焦尖。

（3）病害引起的叶片焦尖：

由病害引起的叶片焦尖，对兰花的危害最大。这种焦尖的罪魁祸首是真菌和细菌。其中，导致叶片焦尖的主要是真菌病害，如褐斑病、炭疽病、叶枯病等。

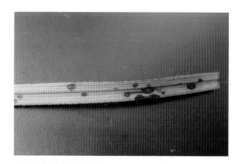
褐斑病引起的焦尖

炭疽病引起的焦尖

叶枯病引起的焦尖

2.防止叶片焦尖措施

（1）彻底剪除病叶：兰叶一旦发生焦尖，不可能恢复到从前状态。如继续留着，容易造成新的感染。因此，如发现病叶，应毫不留情地剪去，剪口要离病斑处1厘米以上。剪下的病叶不可留在兰园中，要集中烧毁或深埋，以防再次成为病源。

剪除病叶要彻底（陆明祥摄影）

兰家有话说　兰叶修剪技巧

修剪前要用农药或酒精等对剪刀进行消毒。修剪黄叶（黄叶是老死的，所以没有病菌）时，不用每剪1叶消毒1次，可放心连续修剪；修剪病叶时，现在不少兰友很小心，每修剪1叶就消毒1次，这样做效果很好，但是费时。其实，剪的地方处于健康部分，一般没有病菌，不会感染。如果不放心，待全部修剪完后，用杀菌剂把兰苗全面消毒一遍即可。修剪时一定要耐心、细致，不能随随便便，心不在焉。兰花多的兰友，修剪最好分时分批进行。为了达到美观的效果，修剪时可把剪刀口放斜，剪得斜一点，使叶端部尖一点，这样看起来叶形就和正常叶片相似了。

（2）对症下药莫迟疑：叶片一旦发生焦尖，当务之急是要查明是否由病害引起的，以便对症下药，及时治疗。如确认是由病害引起的，但一时难以区分是何种病害，万全之策是将杀细菌的药剂和杀真菌的药剂混合使用，以确保万无一失。叶片焦尖虽一般不能致兰花于死地，但由于病害引起的焦尖易传染，往往使叶片失去观赏价值，因此不可大意。

（3）未雨绸缪勤预防：对叶片焦尖应本着"预防为主、防治结合"的原则，因病施治。预防工作要立足早抓，常抓不懈。预防用药要从早春开始，定期喷洒药液，做到杀细菌、灭真菌的药一起上，每隔7～10天1次，努力将病害消灭在萌芽状态，防患于未然。

（4）严禁对病叶淋水：一旦发现叶片焦尖是由病害引起的，就必须禁止喷水、淋水，否则会加速病菌繁殖和扩散。

（5）加强管理不放松：不管叶片焦尖是由什么原因引起的，都与日常管理不善有很大的关系。这就需要我们加强日常的水肥管理，改善环境条件，从根源上解决叶片焦尖问题。

兰家有话说 叶片生理性焦尖与病害性焦尖有何不同？

叶片生理性焦尖与病害性焦尖有比较明显的区别。生理性焦尖受害部位全部为黑色，病健交界处无黑色横纹；由细菌和真菌引起的焦尖，病健交界处都有黑色横纹，病健交界处比较明显。

（八）北方养兰技艺

绝大多数兰花分布于热带和亚热带地区，只有少数产于温带地区。因此，历史上南方养兰盛行，北方很少养兰。近几十年，原产于南方的许多名品在北方"落地生根"，北方养兰渐成时尚。由于北方与南方气候差别大，因此北方养兰须注意以下问题。

（1）因地制宜，配制适宜的植料：北方土壤一般偏碱性，植料选择非常重要。好的植料必须具备透气、沥水、养分全面3个条件。最好的植料是混合植料，即将土料类、硬植料类和有机物类植料中的数种植料按一定比例混合配制成的植料。

（2）提高空气湿度，营造适宜的小环境：北方养兰大都在封闭式阳台养，由于有可自由开启的铝合金玻璃窗，因此通风换气比较方便。空气干燥、湿度过低是养兰的一大障碍，需要采取措施营造相对湿润的小环境。比较切实可行的方法是利用水槽增湿。有条件的可利用加湿器提高空气湿度。实践证明，阳台养兰只要空气相对湿度不低于40%，一般能满足兰花对空气湿度的需求。

（3）注意水质，浇水适度：北方养兰，给兰花浇水用什么水好？其标准是什么？实践证明，兰花喜欢微酸性水，自来水只要不呈碱性是完全可以用于浇兰花的。只不过城市中的自来水通常用漂白粉来消毒，因此自来水最好在水池或水缸中贮存1天。至于河水、井水，使用前应先检测其酸碱度是否合适。

病虫篇

（一）兰花病害预防

养兰实践反复证明，防治兰病必须严把"五关"。

（1）严把"入口"关，引种健康苗："好的开头等于成功的一半。"引进兰苗是艺兰的第一步，开好头、起好步，对于养好兰花非常重要。兰友在引进兰苗时，在确保货真的前提下，一定要严把兰苗质量关，将病苗拒之门外，这是减少和避免兰病的基础。引进兰花特别是名品，须亲临现场见货引种，尽可能引进栽培环境与自己养兰环境差不多的兰园的兰苗，最好引进知名兰家用传统方法在自然环境栽培的健壮兰花。这样的兰苗虽价格高些，但货真价实，质量可靠。千万不能图便宜，引进温室苗或病苗，以免留下后患。

（2）严把通风关，环境整洁且通风：养兰场所如通风不好，环境闷热易引发各种病害。不管是庭院养兰还是阳台养兰，都要营造空气畅通的养兰环境，兰园布置应整洁有序，兰盆应放置在四面通风的兰架上。高温多雨的梅雨季节，更应注意通风透气，宁愿空气湿度低一些，也要确保兰花不受蒸闷气。这是预防兰花病害的关键措施之一，万万不可大意。

（3）严把浇水关，确保兰根旺：兰花的病害有相当一部分是由于浇水不当而导致烂根造成的。给兰花浇水看似寻常，实则大有学问。总体原则是"见干见湿，浇则必透"。浇水无定法，不能机械地硬性规定几天浇一次水，应根据季节、兰盆、植料、环境的不同灵活掌握。浇水问题说到底是一个实践问题，需要养兰人一切以时间、地点、条件为依据自己摸索，从中找出适合自己养兰环境和条件的浇水方法。

（4）严把施肥关，薄肥勤施避肥害：给兰花适时施肥很有必要，但由于兰花是比较喜欢淡肥的植物，因此，施肥必须以薄肥为好，切忌浓肥。一旦施肥过量，轻则烧根，导致叶片焦尖、起病斑，重则致使兰花死亡。给兰花施肥不能搞一刀切，应根据植料和兰苗壮弱情况区别对待。一般而言，用兰花泥养兰当年无需施肥，用颗粒植料栽培的可薄肥勤施，促其生长。养兰是慢功夫，不能急于求成，不要指望靠猛施肥"一口吃个胖子"，应循序渐进。

（5）严把预防关，未雨绸缪防病虫害：养好兰需数年，兰得病只一刻。治疗兰花疾病是消极的，预防才是积极的，应本着预防为主的原则积极应对。病虫害预防工作必须持之以恒，常抓不懈，不能有侥幸心理。保持兰园清洁卫生，并根据季节变化及时灭菌除虫，将病菌扼杀在摇篮之中，才能收到事半功倍的效果。不然，"平时不烧香，临时抱佛脚。"病入膏肓才急于治疗，悔之晚矣。

（二）兰花常用农药

1.农用硫酸链霉素

农用硫酸链霉素适于防治兰花细菌病害。易溶于水，对人畜低毒。主要剂型为15%、20%、72%可湿性粉剂。农用硫酸链霉素有内吸作用，主要用于喷雾，也可用于灌根和浸种消毒等。注意不能与生物药剂，如杀虫杆菌、青虫菌等混合使用。

农用硫酸链霉素

2.代森锰锌

代森锰锌商品名大生、M45、大生富、喷克、新万生、山德生、丰收、大胜等，是一种广谱保护性杀菌剂。原药为灰黄色粉末，在高温时遇潮湿易分解。对高等动物低毒，对人的皮肤和黏膜有一定刺激作用。主要剂型有70％、80％可湿性粉剂，42％悬浮剂。各生产厂家产品因粉剂细度不同等因素，防治效果有差异。

代森锰锌

主要用于喷雾，可防治兰花炭疽病、疫病、叶斑病等。注意不能与碱性物质或铜制剂混用，但可与多种杀虫剂、杀菌剂混用。宜雨前喷施，雨后不必补喷，喷药要周到、均匀。

3.苯醚甲环唑

苯醚甲环唑商品名世高，是新研制的高效、广谱性杀菌剂，对子囊菌、担子菌、半知菌引起的多种病害有预防、治疗和铲除三大功效，并对植物有强烈的刺激生长作用。苯醚甲环唑是低毒杀菌剂，符合世界卫生组织药剂残留毒性标准。按照我国农药急性毒性分级标准，无论是口服或经皮毒性指标，均属于低毒农药。主要剂型为10％苯醚甲环唑

苯醚甲环唑

水分散粒剂。 实践证明，苯醚甲环唑能一药多治、兼治，对兰花多种真菌病害都有良好的防治效果。

4.多菌灵

多菌灵为高效低毒内吸性广谱性杀菌剂，有内吸治疗和保护作用，可防治真菌病害。纯品为白色结晶固体，原药为棕色粉末。化学性质稳定，原药在阴凉、干燥处贮存2~3年，有效成分不变。对人畜低毒，对鱼类毒性也低。 主要剂型有25%、50%可湿性粉剂。 可用于叶面喷雾和

多菌灵

土壤处理等。 多菌灵可与一般杀菌剂混用，但与杀虫剂混用时要随混随用，不宜与碱性药剂混用。长期单一使用多菌灵易使病菌产生抗药性，因此应与其他杀菌剂轮换使用或混合使用。

5.百菌清

百菌清是广谱、保护性杀菌剂。百菌清没有内吸传导作用，但喷到植物体上之后，在体表上有良好的黏着性，不易被雨水冲刷掉，因此药效期较长。主要剂型有50%、75%可湿性粉剂，10%油剂，5%、25%颗粒剂等。 主要用于防治兰花炭疽病、褐斑病、叶枯病等。百菌清对皮肤和眼睛有刺激作用，喷药时要注意保护。

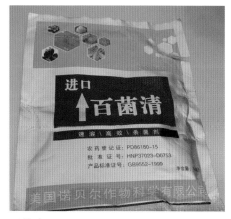

百菌清

6.咪鲜胺锰盐

咪鲜胺锰盐商品名施保功，可用于预防、治疗真菌病害。白色至褐色沙粒状粉末，气味微芳香。有内吸传导作用。高效低毒，药效持久。对兰花炭疽病有显著的防治效果，对茎腐病也有一定效果。剂型有50%、60%可湿性粉剂。

咪鲜胺锰盐

7.花康

花康有1号、2号之分。花康1号是采用具有胃毒、触杀、内吸3种作用的药剂制成。它能杀蓟马、蚜虫、红蜘蛛、介壳虫等多种害虫，而且使用安全，携带方便，保质期长。在治疗介壳虫时，最好用钝器刮一下叶面上介壳虫的成虫，然后叶片正、反面喷此药数次，即可收到事半功倍的效果。

花康2号是针对植物最常见的褐斑病、炭疽病、白粉病、根腐病等病害，通过筛选各种药物，采用最优组合方式选配而成的高效复合

花康1号

花康2号

杀菌剂。它不仅是一种高效的治疗剂，而且还是一种安全、有效的预防、消毒剂。对细菌、真菌病害均有效。当无法判定兰花所患病害时采用此药也可收到较好防治效果。

8.吡虫啉

吡虫啉是一种吡啶环杂环类杀虫剂，具有全新的超高效特点。杀虫范围广，药效迅速，内吸性强，药效期长，低毒，安全。主要制剂有10%、25%可湿性粉剂。可用做叶面喷雾或土壤处理，用于防治蚜虫、蓟马、白粉虱等害虫。吡虫啉应与其他高效低毒杀虫剂轮换使用，以免害虫产生抗药性。

吡虫啉

（三）兰花主要病害及防治

1.炭疽病

（1）起因及症状：炭疽病的病原菌是刺盘孢属的真菌，主要危害叶片。其特征是发病初期叶面出现浅褐色凹陷，中间灰褐色，边缘深褐色，病健交界清楚。后期病部产生许多轮状排列的小黑点。叶尖受害，叶面出现若干黑褐色或浅灰色的枯斑，并着生许多小黑点，有的

炭疽病症状（一）

聚生成若干横向走带，呈波浪状，有的散生。

（2）发病规律：一年四季均可发病。一般在高温高湿、通风不良条件下发病严重。病原菌菌丝体或分生孢子在病残组织内越冬，借风雨及人工操作传播，从伤口及嫩叶侵入。炭疽病病原菌对兰花老叶的侵染始于4月初，5~6月扩散较快，梅雨季节病害

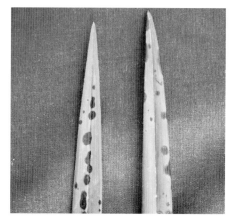

炭疽病症状（二）

最重，7月以后病害渐渐中止发展；对兰花新叶的侵染始于7月底，8月份发展迅速。若这时遇台风侵袭，造成叶片受伤，会使病害加重。病原菌在叶面上能存活9个月，在植株中能生存1年以上，即使病原菌散落在种植兰花的植料表土上，也可活1年左右。所以一旦得病，若不进行治疗，病害会年复一年地发生。栽培管理上偏施氮肥、光照不足，易诱发炭疽病。连续阴雨后突然出现晴天，该病发生较严重。建兰、春兰、寒兰、墨兰等易感病。

（3）防治方法：

①加强栽培管理，注意环境通风透光。炭疽病的防治应以预防为主，在日常栽培管理上多下工夫。封闭式养兰要加强通风和光照管理，高温多雨季节应降低环境空气湿度，切忌闷热。兰花种植不宜过密，盆与盆之间要保持一定的距离。

②及时剪除病斑叶。发病初期，应及时剪除带病斑的叶尖，剪口以距病斑1~2厘米为宜。

③给发病兰花浇水最好不用整株淋浇法。得了炭疽病的兰花如采用整株喷淋法浇水，有利于病菌扩散。浇水宜采取喷淋盆面的方式。

④加强药物防治。发病初期，应整株喷药防治2~3次，间隔7~10天。防治药剂可选用50%咪鲜胺锰盐可湿性粉剂1000~1500倍液，25%咪鲜胺乳油1500倍液，10%苯醚甲环唑水分散粒剂3000倍液。

兰家有话说 非农药防治炭疽病小验方

①生石灰水防治炭疽病。先用适量水将生石灰熟化，取熟化的生石灰粉、清水（按1：60的比例）放入容器中，然后取其澄清液喷洒兰株及兰场周围，可防治炭疽病。生石灰呈碱性，还可防治白绢病。

②韭菜汁防治炭疽病。将韭菜汁、清水按1：60的比例混合，用混合液喷洒兰株，每日喷2次，连续喷数天，可治炭疽病。

③大蒜防治炭疽病。将大蒜鳞茎捣碎后，加入10倍水搅拌，经浸渍后过滤，取汁液，并稀释20~30倍，然后用于喷洒兰株。大蒜浸出液不但有杀菌作用，可防治炭疽病等，也有杀虫及促进兰花生长作用。

④食醋防治炭疽病。兰花叶面喷洒食醋，可防治炭疽病。取一汤匙的食醋倒入1千克清水中，用混合液喷洒兰株。也可在一些酸性或中性农药中加入食醋。

2.褐斑病

（1）起因及症状：褐斑病的病原菌是半知菌亚门尾孢属的真菌。其特征为病斑多发生在叶缘，叶片病斑长形、椭圆形或不规则形，赤褐色，边缘红褐色。叶两面着生灰色霉状颗粒（即病原菌的分生孢子盘）。

（2）发病规律：病原菌以菌丝体在病叶上越冬，翌年3~4月产生分生孢子而成为初侵染源。具有老叶发生多、新叶发生少的特

褐斑病症状

点。春季4~5月高温高湿条件下发生较严重，病原菌借风雨传播，危害新叶。

（3）防治方法：

①加强兰室清洁工作，减少病菌源。日常管理要定期对兰室进行打扫清理，注意做好兰园的消毒工作。发现病叶及时剪除，集中烧毁，减少病菌源。

②新苗展叶期要及时喷药保护。新苗生长期宜喷约2~3次，间隔7~10天。防治药剂可选用75%百菌清可湿性粉剂800~1000倍液，80%代森锰锌可湿性粉剂800倍液，10%苯醚甲环唑水分散粒剂3000倍液。

3.叶枯病

（1）起因及症状:叶枯病的病原菌是大茎点霉（真菌），可危害兰花叶片的不同部位。叶尖受害，有的初期出现淡褐色斑点，后期呈深褐色，病斑连接后叶尖枯死；有的表现为叶尖变灰色枯死，病健交界处深褐色。叶片中部受害，病斑面积较大，呈圆形

叶枯病症状

或椭圆形，中央黑褐色，边缘有黄绿色晕圈；严重时，整片叶枯死。

（2）发病规律：病原菌以菌丝体或分生孢子在病残组织内越冬。在寒流过后遇高温高湿时发病最为严重。有明显的发病中心，借风雨及水滴从叶片伤口或自然孔口侵入，向四周传播，并具有传染性。4~5月发病危害老叶，7~8月发病主要危害新叶。

（3）防治方法：

①加强预防工作，注意避免寒流、暴雨侵袭。该病在寒流过后遇高温高湿时发病最为严重，因此在暮春要随时留意天气预报，一旦出现极端天气要及时采取应对措施，以避免寒流、暴雨侵袭。

②发病初期要及时隔离，集中喷药防治。该病的防治要抓住关键时期，当发现叶面上有浅褐色小斑点时应及时清除病残组织，并将其

烧毁，防止再次侵染。对发病兰株采取隔离措施，集中喷药防治。可间隔7~10天喷药1次，连续喷2~3次。防治药剂可选用50%咪鲜胺锰盐可湿性粉剂1000~1500倍液，25%咪鲜胺乳油1500倍液，10%苯醚甲环唑水分散粒剂3000倍液，25%丙环唑乳油1500倍液。

4.褐锈病

（1）起因及症状：褐锈病的病原菌是夏孢锈菌（真菌）。因兰花品种不同，其症状表现各异。一种侵染叶片正面，叶面上产生许多黄褐色粉状孢子，叶面留下条形斑纹，叶背一般无症状，严重时叶片干枯死亡；另一种危害兰花叶背，叶背产生红褐色小点，后期汇成条形大斑，上面密生锈孢子。

褐锈病症状（一）

（2）发病规律：低温、植料过湿、叶上伤口多且长时间保持水分是发病重要原因。每年早春发病，2月中旬左右可看到症状，4月份可见到锈孢子。该病虽然只是引起植株生长衰弱，一般不会导致死亡，但如果发病后不采取任何防治措施，传染很快，会使兰株失去观赏价值。

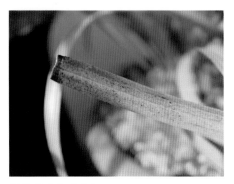

褐锈病症状（二）

（3）防治方法：褐锈病较难控制。由于早期病斑细小，色彩不明显，且不透叶面，因此不容易察觉。到发现病斑时，其病原菌孢子已扩散。

①彻底剪除病残体。逐盆、逐叶检查，叶片病部都应剪去，且要

向健康部扩剪2厘米，并将病叶集中烧毁，这样可以减少病菌源。

②施药预防。用70%代森锰锌可湿性粉剂500倍液，每半月喷1次，连喷2次。注意喷遍所有叶片（包括叶背）、盆面及周围环境。

③病株治疗。用77%氢氧化铜可湿性粉剂或75%百菌清可湿性粉剂等，稀释成500倍液，每周喷1次。

5.花梗霉腐病（花霉腐病）

（1）起因及症状：花梗霉腐病（花霉腐病）的病原菌是灰葡萄孢（真菌）。该病危害花梗或花朵，其特征为受害初期产生半透明水渍状斑，以后病斑逐渐变黄褐色，外围有淡红色晕圈；潮湿时，病斑上滋生黑色霉状物，严重时花朵枯萎，花梗干枯。

花霉腐病症状（一）

（2）发病规律：低温高湿是该病害流行的条件，特别是在大花瓣的品种上发生较多。大多数兰花在2~3月份开花，此时环境阴湿，花梗霉腐病（花腐病）发生较普遍。温室栽培的兰花若环境过湿，偶尔也有发生。该病一般在开花中后期发生。

花霉腐病症状（二）

（3）防治方法：及时剪除病花。该病有一定传染性，一旦发现有病花应立即剪除，一葶一花的连花梗一起剪除；一葶多花的剪除病花即可，不必整枝剪。若发病普遍，可在发病初期喷药保护，药剂尽量选择喷后不留药斑的品种，间隔7~10天1次，连喷2~3次。防治药剂可用50%咪鲜胺锰盐可湿性粉剂1000~1500倍液。

6.疫病

（1）起因及症状：疫病又名黑腐病、猝倒病等，其病原菌是真菌，即棕榈疫霉和恶疫霉，主要侵染兰株根部和叶基。疫病是世界性的兰花病害，可危害多种兰花。其发病特征是感染初期出现小的褐色斑点，并有黄色边缘。较老与较大的病斑的中央常变为暗褐色或黑色。新病斑被挤压时会渗出水分，老病斑则干燥而呈黑色。受感染的叶片变为黄色，叶片基部产生褐色病斑而导致叶片逐渐枯萎，以致脱落。受害根颈部腐烂，严重的引起整个植株死亡。

疫病症状

（2）发病规律：该病一年四季都可发生。兰花长期栽培于高温多湿、通风不良的温室环境中，最易患疫病；浇水过多，加上通风不良时发病严重。病原菌卵孢子在病残组织和受污染的植料中越冬，成为翌年春季的初侵染源。每年6~8月份是发病的高峰期，以萌芽期至生长期最易发生，特别是新生芽、心叶最容易受害。

（3）防治方法：

①保持兰室良好通风及采光。日常管理中，在高温高湿的夏季尽量避免过度浇水、淋水，叶片浇水后及时吹干。

②一旦发现染病植株，立即翻盆，更换新植料。去除有病的组织，并在伤口上涂抹甲基硫菌灵或多菌灵消毒。严格控水，隔离病株，同时要避免喷水，以免病情扩展。如受害严重，则整株去除；兰盆消毒后方可再用，以防二次传染。

③杀灭害虫，以防携带病原菌传染。一旦发现兰园有易携带病原菌的蜗牛、蛞蝓等，应及时捕杀，以避免疫病借媒介传播。

④定时检测植料酸碱度。疫病病原菌喜欢在酸性环境中生长，pH低于5，病原菌就会大量繁殖。对此，应用草木灰泡水（1000倍），浸泡12小时以上，然后将溶液浇灌于盆内，以调整植料酸碱度。

⑤避免偏施氮肥。日常施肥应多施磷钾肥，莫偏施氮肥。植料须透气、排水，以增强兰株抗病力。

7.白绢病

（1）起因及症状：白绢病的病原菌是整齐小核（真菌）。病害从叶片基部开始，最初接近植料的叶片基部呈水渍状，后逐渐变褐腐烂，并产生白绢丝状菌丝体。病部产生菌核，起初为乳白色，后渐渐变成米黄色，最后变为深褐色，似油菜籽大小，球形

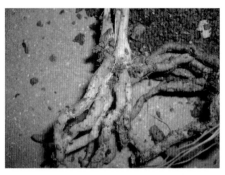

白绢病症状

或椭圆形，平滑而有光泽。菌丝不断向上或在根际植料表面蔓延，最后植株枯死。

（2）发病规律：白绢病在高温高湿的雨季容易发生。此病由菌丝体和菌核在植料或病组织中越冬，经风、雨水、植料等传播。发病后，湿度高、温度适宜时，病情发展快，最后导致整盆植株死亡。

（3）防治方法：日常注意养兰环境的通风，兰盆不宜放置过密。如果植株已感病，首先要清除腐烂组织，根晾稍干后将其浸泡在药剂稀释液中30~40分钟，捞出晾干，然后再泡，反复操作2~3次后重新栽种。对病株周围的植株要用杀菌剂喷淋根颈部保护。防治药剂可选用20%甲基立枯磷乳油600~800倍液，75%敌磺钠可溶性粉剂800~1000倍液，25%咪鲜胺乳油800~1000倍液。

8.茎腐病

（1）起因及症状：茎腐病又称枯萎病和凋萎病，其病原菌是镰刀

菌（真菌）。发病的高峰在每年5~9月，最早发病可出现在2月份。典型症状是从老苗或新苗的心叶基部开始发黄，然后迅速自下而上，自里而外发展。在1~2天内兰株就枯黄干死。此时，如果倒盆，可发现病苗的根系仍然完好无损，甚至还有水晶头存在，当年发出的新芽也是完好的。但如果切开病苗的假鳞茎，就会发现内部已经变为褐色，甚至腐烂。继续切割与病苗相邻的假鳞茎还可发现，那些叶色翠绿、看似完好的苗，其假鳞茎内部也已经被感染（变褐色），发病只是迟早的事。可见此病的传播极具隐蔽性。

茎腐病症状（一）

茎腐病症状（二）

茎腐病症状（三）

茎腐病症状（四）

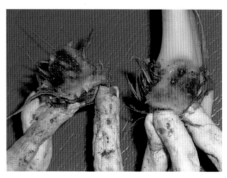

茎腐病症状（五）

兰家有话说　如何区分自然倒叶与病害引起的倒叶?

　　每年的春秋两个季节，兰花有时会出现一些发黄的叶片，这种现象往往会引起养兰新手惊慌，认为兰花得了病。其实不尽然。兰花的倒叶有两种情况，即自然倒叶与病害引起的倒叶。自然倒叶属于正常新陈代谢，可不加理睬；病害引起的倒叶须及时治疗。如何区分自然倒叶与病害引起的倒叶呢? 关键是要辨别清楚其不同的特征。

　　自然倒叶特征：发新芽需要很多的营养物质，一些老叶会"牺牲"自己，把贮存的营养物质输送给新芽。这种新陈代谢引起的倒叶特点是：叶片发黄的速度很快，一般从发现到全部发黄只要几天时间；黄色和绿色之间没有明显分界处；叶片发黄的时候没有脱水症状；叶片最后全部发褐干枯，全部发黄到变褐阶段轻轻一碰就会从叶柄处自然脱落；这种黄化一般发生在老苗老叶上。

自然倒叶

　　病害引起的倒叶特征：病害引起的倒叶，其叶片是一节一节地坏死，有明显分界处。坏死的速度比较慢，有时病情减轻，能剩下半截

病害引起的倒叶

叶（自然倒叶不可能剩半叶）。软腐病引起的倒叶大都发生在新苗上，叶片先是失去光泽（此时假鳞茎已腐烂坏死），而后脱水而枯死，此时轻轻一拔即起，但不是在叶柄处断开。茎腐病引起的倒叶多发生在老苗上，从叶片基部开始枯黄，逐步向上，接着整株脱水，叶色由黄色转为褐色，直至枯死。

（2）发病规律：高温高湿的环境、植料板结、通风不良，易发生此病。病原菌是一种土居性真菌，主要以菌丝体和厚壁孢子在植料中越冬，翌年成为初侵染源。病原菌通过带菌植料和兰苗传播，从植株根系伤口或自然孔口侵入，侵染兰株的维管束并大量繁殖后堵塞植株输水通道，引起兰株脱水、缺乏营养而死亡。

（3）防治方法：

①及时处理兰株伤口，以防感染。兰花分株造成伤口，留下很大的隐患，最好分株后立即涂抹伤口愈合剂或广谱性杀菌剂。

②发现病苗，及时割除销毁。发现零星病株，随时挖除，予以烧毁；病苗原来所用的植料、兰盆，应全部舍弃不用，换上新植料和兰盆。

③养兰环境通风要好，兰盆不宜放置过密。

④坚持不懈地进行药物预防。在发病高峰期，每15天用药物灌盆1次，对病株周围的植株要用药剂喷淋其根颈部予以保护。防治药剂可选用75%敌磺钠可溶性粉剂800~1000倍液，25%咪鲜胺乳油800~1000倍液，70%噁霉灵可湿性粉剂800倍液。

兰家有话说　兰花茎腐病病苗急救

①立即翻盆。发现病株，应立即翻盆检查，查明病情。

②彻底切除得病假鳞茎。一旦查明病情，应果断切除病株，决不能抱侥幸心理。有些病苗相邻的兰株，外观看起来也没有什么异常，但假鳞茎内部已变褐色，必须扔掉。切除病株时，注意每切一刀要用打火机烧一下刀具，以防感染。

③充分消毒。准备20%噻菌铜悬浮剂300~500倍液、50%多菌灵可湿性粉剂300~500倍液、70%噁霉灵可湿性粉剂300~500倍液混合药液（此药液真菌、细菌兼杀）。将切后留下的兰苗、刀具放进药液中，浸泡15~30分钟。全部浸泡消毒好后，在切除留下的伤口处抹上多菌灵粉末，晾干。

④缓浇定根水。用新植料重新上盆，缓浇定根水，1周内不要喷雾、晒太阳，放阴凉通风处。1周后转入正常管理。

9.软腐病

（1）起因及症状：软腐病的病原菌是欧氏杆菌（细菌）。其发病一般从新芽和幼苗开始感染（有伤口的芽最容易受到侵染），然后传染到老苗的假鳞茎。染病初期，幼芽基部产生黑色水渍状坏死斑，几天后叶基部发黑腐烂，整株苗容易拔起。该病的特征是假鳞茎腐烂，有臭味。

软腐病症状（一）

（2）发病规律：高温高湿条件下软腐病容易流行，每年5~7月发病最为严重。病原菌在病残组织及植料中越冬，翌年条件适宜时从兰株伤口及自然孔口侵入。栽培植料过细、通透性差、浇水过多、偏施氮肥时容易诱发此病。

软腐病症状（二）

（3）防治方法：病原菌可由病苗、植料、兰盆、工具或人为的接触等途径传到健康兰苗上，然后再由伤口进入感染。对付软腐病只能采取"预防为主、治疗为辅"的方针，防治工作要突出一个"早"字，积极主动开展预防工作。

①正本清源，兰苗要消毒。兰苗引回来后，首先用清水洗净，修剪枯叶枯鞘和烂根残根，然后用0.05%~0.1%高锰酸钾溶液浸泡5分钟，拿出来晾晒几分钟后，再用清水洗净。其次对兰苗伤口进行消毒，可用氢氧化铜、波尔多液等抹在伤口上，或用烟灰、草木灰抹在伤口上也很有效。待晾干后即可上盆。

②对植料、兰盆及其他用具要彻底消毒。植料带病原菌是软腐

病发生的一个重要原因。栽植前最好对植料进行蒸汽消毒，一般蒸20分钟即可，然后自然冷却，用这种方法杀菌最为彻底。如老盆重新使用，也应消毒。消毒液可用0.1%高锰酸钾溶液，浸泡半个小时左右。金属用具还可用高温蒸煮或火烧消毒。

③科学栽培管理。栽培管理不科学也是造成软腐病发生的主要原因之一。如浇水过多，植料、兰盆透气性不好，浇水后植料长期积水，植料不能干湿交替，易发此病。养兰场所通风不好，空气湿度过高，也易发此病。因此，要特别注意水分管理。

④及时进行药物预防。软腐病发生的时间一般在高温高湿的5~7月，这3个月是防病的关键时期。要未雨绸缪，当气温升到20℃以上时就开始用药，可每隔1周选喷1次甲基硫菌灵、百菌清、咪鲜胺锰盐、噻菌铜、氢氧化铜、农用硫酸链霉素等杀菌剂，预防软腐病等病害。千万不要等到软腐病已经发生了才采取措施。喷洒药物时除了喷洒叶片正反两面外，还要浇灌兰株根部，这样效果更好。

兰家有话说　软腐病病苗急救

兰花一旦得了软腐病，必须采取断然措施，否则会导致整盆倒苗。具体处置方法如下。

①彻底切除病苗。将得了软腐病的兰株从盆中倒出，切掉病苗，注意不仅要切掉有明显症状的兰株，还要切掉相邻的外观正常的2~3株苗。千万不能有侥幸心理，否则可能留下祸根。

②兰株消毒后重新上盆。用70%甲基硫菌灵可湿性粉剂及20%噻菌铜悬浮剂混合液（均稀释300~500倍）浸泡留下的兰株全株半小时，取出后倒挂晾干，更换兰盆和植料重新上盆。栽种时要在切口处多抹一点甲基硫菌灵粉末，以防病菌侵入；栽浅些，假鳞茎要露出盆面1~2厘米。用20%噻菌铜悬浮剂1000倍液当定根水浇。植料干后每隔7~10天再用20%噻菌铜悬浮剂1000倍液进行叶面喷雾和灌根，连续2~3次。

③栽后将兰花置于通风干爽的环境中。兰苗要放在通风、清凉、偏干燥的环境里，避免放在晒得到太阳的地方。

及时翻盆　　　　　　　　　　剪掉病苗

消毒兰株　　　　　　　　　　更换兰盆，重新上盆

10.病毒病

（1）起因及症状：病毒病又叫花叶病，俗称拜拉丝，是由病毒侵染引起的病害。其病原菌是两种病毒，即齿舌兰环斑病毒和国兰花叶病毒。此病主要侵染兰花叶片，一般在兰株新苗上表现尤为明显。其特征为受害叶片病斑凹陷、褪绿、呈黄白色或浅绿色。大部分叶片上形成坏死斑或呈花叶状。逆着光线观察时更为明显。由于叶绿素受到破坏，光合作用受阻，导致植株生长缓

病毒病症状（一）

慢，花朵变小或畸形，观赏价值大大降低。

（2）发病规律：由于病毒是活养寄生物，它不能在植物活细胞以外生存，这一特点决定了它的传播方式既不能像其他病原生物那样可依靠自身的主动力量传播，也不能借气流、雨水和流水帮助传播。病毒侵入兰株时，

病毒病症状（二）

必须从兰株表面轻微的伤口侵入。这种伤口既能造成细胞壁的破坏，为病毒的侵入打开门户，又不导致细胞死亡，这样病毒侵入时才能在细胞中繁殖。因此，病毒病的传播可分为非介体传播和介体传播两种。非介体传播是指本身已感染病毒的兰株通过汁液进行感染。病株与健康株叶片接触时摩擦，或人为的接触摩擦而产生轻微伤口，这样带有病毒的病株汁液从伤口流出而传入健康株；接触过病株的手、工具（如平常分株用的剪刀）也能间接将病毒传染给健康株。介体传播是由带病毒的或本身受感染的其他生物来完成的。传播病毒病最重要的介体生物就是昆虫，而传播兰花病毒病最主要的是吸汁害虫（如蚜虫、介壳虫、粉虱、蓟马及红蜘蛛等）。这些害虫在兰花叶面或叶背刺吸汁液，使健康株产生微伤口，因而感染病毒。

（3）防治方法：目前还没有对病毒病有特效的药剂，只能从加强日常管理入手，做好预防工作。

①严把引种关。不要贪一时便宜而从地摊购买来源不明的兰苗，尤其是没有当年生新株的老苗、弱苗，以防购入病毒病病苗。

②加强对日常养兰工具的消毒。进入兰棚前或摸过带病叶片后再接触兰株前都要先洗干净手。修剪用剪刀要剪一盆消毒一次，尽量避免人为传播病毒。

③及时防治虫害。及时防治蚜虫和蓟马，减少传毒虫媒。

④加强药物预防。种植前选用10%磷酸三钠水溶液将兰根及假鳞茎浸泡30分钟，或选用5%菌毒清水溶液浸泡。发病初期可选用吡虫啉

和植病灵等混合喷施，每隔7~10天1次，连续2~3次。预防药剂可选用1.5%植病灵乳油800~1000倍液、5%菌毒清水剂300~500倍液等。

（四）兰花主要虫害及防治

1.介壳虫

（1）危害症状：介壳虫又称兰虱，是兰花常见的害虫之一。主要危害叶片、叶鞘、假鳞茎。染虫初期，附在叶背和假鳞茎上，繁殖很快。它利用丝状嘴刺吸叶片汁液，在叶面留下淡黄色痕迹。如虫体密度大，则叶片生长衰弱，失绿而枯黄，甚至全株死亡。

（2）形态特征：常见介壳虫有牡蛎蚧（外壳褐色，扁平，瓜子形）、矢尖蚧（外壳棕褐色至黑褐色，介壳背面呈屋脊形）等。

（3）生活习性：牡蛎蚧1年发生1~2代，以卵在母体介壳内越冬，次年4月至5月下旬开始孵化。矢尖蚧1年发生3代。

（4）防治方法：春、夏季为介壳虫的多发季节。春季4~5月气温升高，预防用40%氧乐果乳油800倍液喷洒2次，用药间隔为15天左右。杀虫用10%吡虫啉可湿

介壳虫（一）

介壳虫（二）

性粉剂1000倍液喷洒。喷药要全面，叶面、叶背、盆体都要喷到，连续用药2~3次，间隔6天1次。夏季每月要用药1次，秋季用药2~3次。除用药外，平时要加强通风，以预防介壳虫发生。

2.蚜虫

（1）危害症状：蚜虫以成虫和若虫群集在兰花的嫩叶、芽及花苞等幼嫩器官上，以刺吸式口器刺入植物体内，吸食汁液，引起兰花生长不良，叶片卷缩、扭曲，花苞不长、变褐。蚜虫的排泄物常能诱发煤污病，影响植株的生长。

（2）形态特征：体长约2.3毫米。无翅胎生雌蚜，全体漆黑色，触角灰褐色，复眼红黑色，腹管呈管状，末端有网状纹。有翅胎生雌蚜，胸部暗褐色，尾片近圆柱形。

蚜虫（一）　　　　　　　　　　　　蚜虫（二）

（3）生活习性：每年发生约12代，以无翅胎生雌蚜在叶鞘内越冬；4月开始胎生小蚜虫，危害嫩叶，以9~10月危害最严重。

（4）防治方法：保护、利用瓢虫（多种）、草蛉、蚜茧蜂等天敌。兰园天敌数量较多时，可以不喷药或减少喷药次数，以保护天敌。发病时，选用10%吡虫啉可湿性粉剂1500倍液、3%啶虫脒乳油2000倍液喷洒。

兰家有话说 防治蚜虫小验方

①大葱浸泡液防治蚜虫。将切碎的大葱放水中浸泡（大葱、水按1：30的比例），1天后过滤，用滤液喷洒兰株。1日喷数次，连续喷洒数天，对防治蚜虫、软体动物等均有效果。

②姜汁防治蚜虫。用姜500克，加水250克，捣烂取汁，每千克汁液加水6千克。用此液喷洒兰株，可防治蚜虫。

③洋葱浸泡液防治蚜虫。取15克切碎的洋葱，放入1千克水中密封，浸泡7小时后过滤，用滤液喷洒兰株，可治蚜虫。

④茶麸水防治蚜虫。茶麸，也称茶籽饼，系茶籽榨油后剩下的渣料。茶麸浸泡液呈碱性，对害虫有很好的胃毒和触杀作用。用茶麸水喷洒兰株，对蚜虫的防治效果很好。

3.蓟马

（1）危害症状：蓟马成虫、若虫危害兰花花苞、花朵。有时也危害幼嫩叶片，造成兰花花苞、花朵变褐枯死。

（2）形态特征：雌成虫体长0.9~1.0毫米，体橙黄色。卵呈肾形，淡黄色。若虫初孵时乳白色，2龄后若虫淡黄色，形状与成虫相似，缺翅。蛹（4龄若虫）出现单眼，翅芽明显。

蓟马危害兰花花朵

（3）生活习性：江南地区每年发生6~8代，世代重叠，以成虫越冬。可行有性生殖和孤雌生殖。雌虫羽化后2~3天在叶背产卵，每只雌虫产卵100多粒。孵化后若虫在嫩叶上吸食汁液。

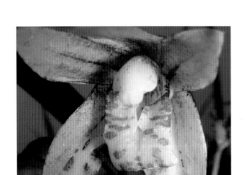
蓟马（一）

蓟马（二）

（4）防治方法：人工摘除虫量较多的受害花苞，浸在药液中将蓟马杀死。开花前，喷药防治。药剂选用50%仲丁威乳油1000倍液、10%吡虫啉可湿性粉剂1500倍液。

兰家有话说　无公害防治蓟马验方

①烟草浸泡液防治蓟马。取40克烟草粉末，倒入1千克水，经48小时浸泡后过滤。喷洒前用等量水稀释过滤液，并加入2~3克洗衣粉，然后用这种溶液喷洒兰株。

②烟草、石灰、水混合液防治蓟马。取烟草、石灰、水，按1：0.5：10的比例浸泡一昼夜后过滤，用其澄清液喷洒兰株。

③化肥液防治蓟马。蓟马体型小、耐力弱，可采用以肥治虫法。用2%的尿素溶液，或1%的碳酸氢铵溶液，或0.5%的氨水溶液喷洒兰株叶片，每隔1星期1次，连续喷2~3次，可防治蓟马。